U0169295

GIS APPLICATIONS IN ENGINEERING,
SURVEYING AND DESIGN: RESEARCH AND PRACTICE

工程GIS勘测设计技术研究与实践

主 编 徐 鹏

副主编 刘心怡 苟胜国 黄 瑞

中国电力出版社
CHINA ELECTRIC POWER PRESS

内 容 提 要

GIS 具有强大的空间数据处理和分析功能，在工程勘测设计中应用广泛。本书介绍了 GIS 在工程勘测设计的应用及发展情况，概述了工程时空数据，对面向工程的 GIS 公共服务和三维辅助设计关键技术进行了深入研究，分析探讨了工程勘察、工程移民、水文水资源、生态环境等专业与 GIS 的结合重点及场景应用，开发了系统平台，最后进行了总结与展望。这些技术成功应用于水电水利、抽水蓄能、新能源等工程中，融合 GIS 与 BIM 设计，极大提高了勘测设计工作效率和数字化程度，真正实现工程项目"一张图"。

本书适合从事水利水电、新能源行业勘测设计的专业技术人员阅读，同时也可供相关科研技术人员和大专院校师生参考使用。

图书在版编目（CIP）数据

工程 GIS 勘测设计技术研究与实践 / 徐鹏主编 . —北京：中国电力出版社，2023.6
ISBN 978-7-5198-7600-5

Ⅰ.①工… Ⅱ.①徐… Ⅲ.①地理信息系统－应用－工程勘测－设计－研究 Ⅳ.① TB22-39

中国国家版本馆 CIP 数据核字 (2023) 第 034765 号

出版发行：中国电力出版社
地　　址：北京市东城区北京站西街 19 号（邮政编码 100005）
网　　址：http: //www.cepp.sgcc.com.cn
责任编辑：谭学奇（010-63412218）
责任校对：黄　蓓　郝军燕
装帧设计：赵丽媛
责任印制：吴　迪

印　刷：三河市万龙印装有限公司
版　次：2023 年 6 月第一版
印　次：2023 年 6 月北京第一次印刷
开　本：787 毫米 ×1092 毫米　16 开本
印　张：17.5
字　数：302 千字
印　数：0001—1000 册
定　价：160.00 元

本书编审组

主　　编　徐　鹏

副 主 编　刘心怡　苟胜国　黄　瑞

参编人员　杨　洋　邵　瀚　朱孟兰　黎　杰　李　意

　　　　　王小标　吕胜才　李延孟　古婷婷　胡　辉

审核人员　谭学奇　吴康新

序 一

目前 GIS 技术在工程领域的应用愈加广泛，能够实现工程及周边大范围空间的二维、三维展示和分析，已成为实现工程全生命周期信息化管理的重要技术手段。

本书是作者团队多年来开展工程 GIS 勘测设计技术研究与实践的总结，通过系统深入的研究，在企业内部实现了面向工程的地理信息公共服务和 GIS 三维辅助设计，通过"地理信息公共服务平台 + N 个 GIS 专业设计系统"方式推广 GIS 技术深入应用，为工程勘测设计企业提供了实践经验。

面向工程的地理信息公共服务围绕海量工程时空数据的管理与应用所存在的问题，制定企业级的数据标准规范、构建多专业勘测设计流程，在企业内部实现工程时空数据的整合、管理、流转、发布等。实现数据统一管理、地理信息服务共享、多专业协同、工程项目一张图等预期目标，减少重复投资，发掘数据价值，缩短设计周期。通过将 GIS 专业分析和制图功能进行简化设计，破除了以往需要专业技术人员才能使用的技术门槛，让 GIS 能够辅助更多人以简单高效的方式完成分析和制图，从而拓宽GIS 应用的范围。

作者团队基于参数化建模开发面向工程的 GIS 三维辅助设计系统，涵盖了方案管理、场景设计、复合设计、专业分析等多个功能模块，有效增强了三维 GIS 平台在工程设计中的辅助能力，通过"GIS + BIM"技术实现大场景下对基础地理空间数据、工程 GIS 三维辅助设计成果和 BIM 模型成果的统一管理和展示。通过研究勘测设计各专业与 GIS 的结合重点及场景应用，根据需求开发专业应用模块，共享工程基础地理信息数据库、共用基础工具和 GIS 三维辅助设计系统，通过工程实践持续拓展各专业应用服务。在各大中型工程勘测设计中，GIS 与各专业的结合将更加深入，应用也将更加广泛。

随着计算机、大数据、物联网、人工智能、通信、RS、GNSS、GIS、BIM 等技术的不断发展与相互融合，GIS 在智慧城市、智慧工程建设与管理中将大有作为。

衷心希望本书能对广大同行有所帮助，推动工程 GIS 勘测设计技术持续发展。期待作者团队不断把最新的技术成果和实践经验分享给大家。

全国工程勘察设计大师

杨爱明

2023 年 6 月

数字时代，未来已来！工程勘察设计行业数字化已从过去的生产手段变成了行业进入门槛，已经由数字化技术发展成为数字化业务，并且争相数字化产业布局，以 GIS 技术为基础的地理信息产业近年来更是飞速发展。据公开数据统计，我国地理信息产业总产值近 5 年复合增长率达 11.5%，2021 年总产值达到了 7524 亿元，且已与水利、电力、生态环境等工程建设行业深度融合，成为智慧工程建设的"数字底座"，并呈现出稳增长、强需求和高潜力的发展态势。

为抢抓数字时代发展机遇，构筑新型竞争力、创造新的增长点，中国电建集团贵阳勘测设计研究院有限公司（以下简称"贵阳院"）确定了工程时空信息与协同设计关键技术研究重大专项课题，以 GIS 技术为核心开展工程测绘、勘察、生态、移民等解决方案研究，致力于建立一个实现不同行业、多种专业、各个阶段多维数据融合、异构数据承载、海量数据分析的时空信息载体和设计平台。经过 5 年时间的研发，以地理信息公共服务平台为核心，光伏规划设计系统、风电规划设计系统及工程移民、测绘等多个专业应用为辅助的子系统上线运行，在水电水利、新能源等三十余个大中型工程规划设计中发挥了显著作用。

数字化关键在融合应用、核心在数据价值。贵阳院以 GIS、BIM 及物联网、大数据等技术为支撑，建立了面向水电与新能源、水利与生态环境、城乡建设与交通等领域工程全生命周期数字化服务平台"贵勘数字"，目前已累计服务于 100 余项工程，承担了亚洲物流枢纽中心鄂州花湖机场工程 BIM 咨询服务等国内多个重大基建项目，实现了从工程数字化技术向数字化业务的发展跨越。"十四五"期间，贵阳院将"数字赋能"作为建设成为以技术和管理为核心竞争力的国际一流工程公司的重要支撑，以管理智慧化、生产数字化、数字产业化为目标，快速推进数字化转型发展步伐，充分发挥数字化技术的赋能、增值和引领作用，助力企业高质量发展。

本书总结了贵阳院近年来 GIS 技术研究成果和项目实践经验，分享了地理信息相关工程数字化技术向产业数字化发展的心路历程，技术路线清晰、应用案例翔实，对工程勘测设计专业技术创新和数字化转型有着重要的参考意义。

中国电建集团贵阳勘测设计研究院有限公司党委书记、董事长

2023 年 6 月

前　言

GIS 是一种用于获取、存储、查询、分析和显示地理空间数据的计算机系统。GIS 通过集成工程 BIM 设计、智能建造及运行维护等数据，实现工程信息可视化展示、地理空间信息查询与分析、辅助决策等功能，为用户全生命周期工程管理活动提供信息支持与服务。GIS 具有强大的空间数据处理和分析功能，与各行各业深度融合，得到了广泛的应用。

本书主要探讨基于 GIS 时空分析技术的工程勘测设计关键技术、系统开发实现及应用推广，适合从事水利水电、新能源行业勘测设计的专业技术人员阅读，同时也可供相关科研技术人员和大专院校师生参考使用。

本书凝聚了专业技术骨干、GIS 研发人员的心血与汗水，编写过程中得到了公司各级领导的关心支持和指导，得到了中国电力出版社相关人员的大力支持，在此表示诚挚的感谢。

本书由徐鹏担任主编，刘心怡、苟胜国、黄瑞担任副主编，谭学奇担任主审。全书分十章。第一章扼要介绍 GIS 技术发展情况、应用于勘测设计的现状、本书的主要研究内容及结构。第二章介绍工程时空数据的概念与特征、建设与分类、组织与存储。第三章介绍工程类地理信息公共服务的现状背景及需求、应用模式及场景、标准规范设计、数据库设计，以及地理信息公共服务平台开发实现。第四章介绍工程全生命周期三维映射的技术要点、工程规划选址的创新方法、BIM 数据与 GIS 融合的重难点和关键技术、基于参数化建模的三维辅助设计的技术路线和关键技术、实现多专业协同设计的重难点和关键技术、基于 GIS 三维辅助设计系统开发实现及应用实例展示。

第五章至第九章分别介绍工程勘察、工程移民、水文水资源、生态环境、新能源专业与 GIS 的结合重点、场景应用、专业数据库设计、关键技术、专业应用系统开发实现及应用实例展示。第十章对全书进行总结，指出今后需要努力的方向。

本书前言由徐鹏编写，第一章由徐鹏编写，第二章由邵瀚编写，第三章由徐鹏、刘心怡编写，第四章由刘心怡、黄瑞、朱孟兰编写，第五章由吕胜才、杨洋编写，第六章由黎杰、王小标编写，第七章由李意、黄瑞编写，第八章由李延孟、杨洋编写，第九章由黄瑞、杨洋、古婷婷、胡辉编写，第十章由苟胜国编写，全书由徐鹏负责统稿。

鉴于水平和时间所限，书中难免有疏漏、不妥或错误之处，恳请广大读者批评指正。

编　者

2023 年 6 月

目　录

第一章　综　　述

第二章　工程时空数据概述

第三章　面向工程的 GIS 公共服务

第四章 面向工程的 GIS 三维辅助设计

第五章　工程勘察与 GIS

第六章　工程移民规划与 GIS

第七章　水文水资源与 GIS

第八章　生态环境与 GIS

第九章　新能源规划设计与 GIS

第十章　总结与展望

第一章 综 述

第一节 概 述

地理信息系统（Geographical Information System，GIS）是一种特定的空间信息系统，以地理空间数据库为基础，在计算机软件和硬件系统的支持下，采用地理模型分析方法，运用系统工程和信息科学的理论，对整个或部分地球表面（包括大气层）与地理空间分布有关的数据进行采集、储存、管理、运算、分析、显示和描述，为地理研究和地理决策服务提供多种空间地理信息的技术系统。

工程地理信息系统（简称工程 GIS）是一种应用于工程建设和管理活动的专项地理信息系统，即在计算机硬、软件系统支持下，对工程及周边相关区域地表或地下空间中的有关地理空间数据进行采集、储存、管理、运算、分析、显示和描述的技术工具，集成工程 BIM 设计、智能建造及运行维护等数据，实现工程可视化展示、区域地理空间信息查询与分析、工程辅助决策等功能，为用户工程建设和管理活动提供信息支持与服务。

GIS 具有强大的空间数据处理和分析功能，是一种重要的技术工具，在很多行业和领域均得到了广泛应用。

一、GIS 应用及发展

GIS 技术在大中型工程规划设计和建设管理中的应用发展情况，大致可以划分为以下四个阶段：

（一）技术萌芽期

20 世纪 60 年代至 70 年代末期，GIS 从萌发逐渐走向政府决策辅助。60 年代为地理信息系统开拓期，注重于空间数据的地学处理。例如：处理人口统计局数据（如美国人口调查局建立的 DIME）、资源普查数据（如加拿大统计局的 GRDSR）等。许多大学研制了一些基于栅格系统的软件包，如哈佛的 SYMAP、马里兰大学的 MANS 等。综合来看，初期地理信息系统发展的动力来自于学术探讨、新技术的应用、大量空间数据处理的生产需求等。对于这个时期地理信息系统的发展来说，专家兴趣和政府的推动起着积极的引导作用，并且大多数的地理信息系统工作限于政府及大学的范畴，国际交往甚少。70 年代为地理信息系统的巩固发展期，注重于空间地理信息的管理。地理信息系统的真正发展应是 70 年代的事情。这种发展应归结于以下几方面的原因：一是资源开发、利用与环境保护问题成为政府首要解决之疑难，需要一种能有效地分析、处理空间信息的技术、方法与系统。二是计算机技术迅速发展，数据处理加快，内存容量增大，超小型、多用户系统的出现，尤其是计算机硬件价格下降，使得政府部门、学校以及科研机构、私营公司也能够配置计算机系统；在软件方面，第一套利用关系数据库管理系统的软件问世，新型的地理信息系统软件不断出现。三是专业化人才不断增加，许多大学开始提供地理信息系统培训，一些商业性的咨询服务公司开始从事地理信息系统工作，如美国环境系统研究所（ESRI）成立于 1969 年。这个时期地理信息系统发展的总体特点是：地理信息系统在继承 60 年代技术基础上，充分利用了新的计算机技术，但系统的数据分析能力仍然很弱；在地理信息系统技术方面未有新的突破；系统的应用与开发多限于某个机构。

（二）结合初期

20 世纪 80 年代至 90 年代末期，GIS 逐渐向各个应用领域延伸，初步涉及工程规划及土木工程领域。80 年代为地理信息系统大发展时期，注重于空间决策支持分析。地理信息系统的应用领域迅速扩大，从资源管理、环境规划到应急领域，从商业服务区域划分到政治选举分区等，涉及许多的学科与领域，如古人类学、景观生态规划、森林管理、土木工程以及计算机科学等。90 年代为地理信息系统的用户时代。一方面，地理信息系统已成为许多机构必备的工作系统，尤其是政府决策部门在一定程度上由于受地理信息系统影响而改变了现有机构的设置与工作方式等。另一方面，社会对地理信息系统认识普遍提高，需求大幅增加，促进了地理信息系统应用的扩大与深化。国内最早接触 GIS

的政府部门是原国土部门，在对土地资源的管理上逐渐形成"一张图"，倒逼所有工程前期规划都需与之对接。

（三）交互渗透期

2000～2017年，GIS开始在各类工程应用中进行渗透性应用。进入21世纪，地理信息技术发展速度惊人，以其图数一致性、时空共融性、多数据集成性、二三维一体化等优势在各个领域迅速渗透，在智慧城市、智慧工程等领域开始发挥更重要的作用。

（四）深度融合期

2017年后，GIS和新兴技术齐头并进。当前GIS技术已经发展到了一个新的里程碑，成为一种成熟且不断融合发展的技术，与各行各业深度融合。在工程领域，GIS除了在本身优势功能上迅速向规划设计建设各阶段及各相关专业分析渗透服务，更是结合BIM和IoT（物联网）技术，在城市规划建设及运维等领域中进入了CIM（城市信息模型）的新阶段。至此，工程项目实施过程中，无论是在前期勘测设计阶段，还是在中期建造、后期管理运维等阶段，GIS技术都能在数据采集、空间数据组织、空间特征分析、可视化表达等方面发挥重要作用，在工程建设和管理环节有效提高工作效率，从而保障工程建设目标顺利实现。

二、GIS软件产品

（一）国外GIS平台软件

目前国外的GIS软件产品较多，Esri公司的ArcGIS在测绘、公路、国土、环保、水利、轨道、航空水运及卫生等领域均有涉及，也是现在使用较为广泛的一种GIS平台软件。除了传统GIS行业的先锋在主动寻求与BIM技术的融合外，出身工程领域的BIM行业先锋也主动向GIS技术敞开了大门，Bentley公司的Bentley Map则是专门为全球基础设施领域从事测绘、设计、规划、建造和运营活动的组织而设计的功能全面的GIS软件，它增强了各种MicroStation基本功能，可为创建、维护和分析精确的地理空间数据提供强有力的支持。

（二）国内 GIS 平台软件

国内 GIS 平台软件使用较广的有中国地质大学（武汉）开发的通用工具型地理信息系统软件 MapGIS 和北京超图软件股份有限公司开发的大型地理信息系统软件 SuperMap GIS 等。

MapGIS 创立之初主要为土地利用调查应用服务，发展到现在，MapGIS 已经成为融合了云计算、大数据、物联网、区块链、人工智能等先进技术的全空间智能 GIS 平台，将全空间的理念、大数据的洞察、人工智能的感知通过 GIS 的语言，形象化为便于理解的表达方式，实现了超大规模地理数据的存储、管理、高效集成和分析挖掘，在地理空间信息领域为各行业及其应用提供更强的技术支撑，在国土、市政、地矿系统有着很好的应用。

在国内 GIS 平台中，SuperMap GIS 的发展势头较为强劲，其紧跟政策需求，在国土空间规划、不动产登记、国土一张图、智慧城市、环境保护、水利及气象等方面有着较大的应用市场。在 2022 年发布的 SuperMap GIS 11i 版本中，形成了超图软件进一步创新 GIS 基础软件五大技术体系（BitDC），即大数据 GIS、人工智能 GIS、新一代三维 GIS、分布式 GIS 和跨平台 GIS 技术体系。

随着国产化软件的发展进程，Esri 中国完成了全套软件的版权国产化成为全新的易智瑞国产软件 GeoScene。GeoScene 平台以云计算为核心，融合各类最新 IT 技术，具有强大的地图制作、空间数据管理、大数据与人工智能挖掘分析、空间信息可视化及整合、发布与共享的能力，功能齐全、开放性好，具备 GIS 技术前沿性、强大性与稳定性等特点，并面向国内用户，在国产软硬件兼容适配、安全可控、用户交互体验等方面具有得天独厚的优势，在专业应用方面仍占据重要位置。

（三）开源 GIS 软件

商业 GIS 平台虽然拥有良好的稳定性和技术支持，但其昂贵的费用和平台封装性对于中小企业和需要自主可控扩展的大型企业不是最佳选择，因此免费开源 GIS 软件应运而生。目前全球在科研和行业应用领域都已经开始大量使用开源 GIS 软件对空间数据进行获取、修改、存储、分析和可视化。完整的 GIS 项目，通常涉及数据存储、数据加工、服务发布、空间分析、制图展示五大环节的内容，因此可以将开源 GIS 软件按照这五个环节进行分类和梳理。

1. 数据存储方面

当前支持空间查询语言的开源数据库主要有 PostGIS、SpatialLite 和 MySQL Spatial 等。PostGIS 是对象关系数据库 PostgreSQL 的空间数据库扩展，在开源空间数据库中提供了最广泛的 OGC-SFS 支持，它实现了对地理对象的支持，并融合数据库系统与空间数据管理，使用户可以在数据库内核中实现空间分析等操作。SpatiaLite 是 SQLite 数据库的空间扩展，通过使用 GEOS 的几何库，PROJ.4、LIBICONV 等类库来实现 OGC-SFS、坐标转换、多种编程语言支持等功能。MySQL Spatial 是 MySQL 数据库的空间扩展实现了 OGC-SFS 标准，它支持 GEOMETRY（空间要素类型基类）、POINT（点）、CURVE（曲线）、SURFACE（面）等几种空间几何数据，但不支持栅格数据。同 PostGIS 和 SpatiaLite 一样，MySQL Spatial 也提供了数据库操作函数库。

2. 数据加工方面

常用的开源桌面 GIS 软件包括 GRASS，uDig，Quantum GIS 等。GRASS 是 UNIX 平台的第一个 GIS 软件，于 1982 年由美国陆军建筑工程实验室（USA-CERL）开发，基于 GPL 协议发布，可以在 Mac OS、Windows 和 Linux 多个平台运行，可以用于处理栅格、拓扑矢量、影像和图表数据。uDig 和 Quantum GIS 在易用性方面和商业 GIS 软件接近，具备对常见类型空间数据文件的编辑修改及空间分析等功能。uDig 是一款开源桌面 GIS 软件，基于 Java 和 Eclipse 平台，可以进行 SHP 格式地图文件的编辑和查看。Quantum GIS 基于 Qt 和 GDAL 等开源库开发，通过 GDAL 扩展可以支持多达几十种数据格式，支持对 PostGIS 数据库的读取，支持 WMS、WFS 服务，支持对 GIS 数据基本编辑操作、属性修改和地图创建。

3. 服务发布方面

当前主流的开源地理空间数据发布软件最常用的是 GeoServer 和 MapServer。GeoServer 是基于 Java 开发的空间数据服务发布软件，是 OpenGISWeb 服务器规范的 J2EE 实现，可兼容 WMS、WFS、GML 等 WebGIS 相关服务。GeoServer 允许用户插入、删除、修改、查询、发布特征数据，以便在用户之间迅速共享地理信息，提供了图形化的 Web 配置管理工具，便于用户快速配置和部署服务。MapServer 是用 C 语言编写的通用网关接口（CGI）程序，兼容多种操作系统，通过集成 GDAL 类库，实现多种栅格和矢量数据格式的访问，通过使用 Mapfiles 文件配置数据发布服务，支持 PostGIS 数据库实现空间数据的存储和查询，通过 JavaScript API 实现对地理空间要素的表达和传输。

4. 空间分析方面

开源的空间分析 GIS 工具和软件较为庞大，常用的空间分析开源软件有 GRASS、GeoDa、GeoTools、PySAL、pyWPS 和 ZOO-Project 等分析软件。其中 GRASS 由 400 个子模块组成，可以处理矢量、图像影像数据，进行时空分析、空间建模、空间分析、地图可视化。GeoDa 实现栅格数据探求性空间数据分析（ESDA）的软件工具集合。PySAL 基于 python 开发，支持地理嵌入网络的空间回归与统计建模、空间计量经济学、探索性时空数据分析等。GeoTools 基于 Java 的开源 GIS 工具包，包含大量空间分析算法。PyWPS 实现网络处理服务（WPS），可以和 GeoTools 等无缝集成。ZOO-Project 提供基于可靠开源库的现成的 WPS 服务，如 GDAL、CGAL、GRASS GIS、OrfeoToolbox 和 SAGA GIS 等。

5. 制图展示方面

常见的开源制图和可视化软件有 OpenLayers、Leaflet、CesiumJs 等。OpenLayers 通过集成 WebGL 标准和 Canvas2D 图形技术获得高效的可视化性能，它可以渲染显示各种格式的地理空间数据，如 GeoJSON、GML 及 OGC Web 服务等。它提供在地图上绘制和编辑的数据接口，允许开发人员使用各种基础地图，包括 Open Street Map、BingMap、Map Quest 等。它的 API 实现了类似 Ajax 的无刷新更新页面，与用户交互更便捷，减少了用户的等待时间，但 OpenLayers 尚未支持三维显示。Leaflet 是一个易用轻量的开源 JavaScript 库，具备开发网络地图的大部分功能，适用于中大型 WebGIS 系统开发。支持插件扩展，开发者可以通过集成多种插件满足地图查询、分析及渲染等操作需求。Leaflet 和 OpenLayers 都是应用极为广泛的开源前端软件，两者在 2D GIS 表达上各有千秋，而 CesiumJs 是国外一款基于 JavaScript 编写的使用 WebGL 的地图引擎，支持 3D、2D、2.5D 形式的地图展示，可以自行绘制图形，高亮区域，并提供良好的触摸支持，且支持绝大多数的浏览器和移动端，它使用 WMS、TMS、Open Street Maps 以及 ESRI 的标准绘制影像图层，使用 KML、Geo JSON 和 Topo JSON 绘制矢量数据，使用 COLLADA 和 glTF 绘制 3D 模型，CesiumJs 在三维应用中较为广泛。

第二节 工程勘测设计现状

工程勘测设计涉及专业较多，通常包括测绘、勘察、规划、设计、移民、环境影响评价及水土保持等专业应用，下面以某水利工程为例进行说明。图 1-1 展示了某水利工程勘测设计大纲包含的主要内容，水利工程勘测设计是一个复杂的系统工程，涉及测绘、工程勘察（含工程地质）、规划（含水文计算与水文规划）、施工总布置设计、水工建筑物设计、工程移民、机电与金属结构设计、环境影响评价及水土保持、工程概算等十多个专业领域。施工总布置与水工建筑物等设计方面，目前大部分中小型工程主要采用传统二维 CAD 设计系统开展设计，部分建筑物设计引入 BIM 技术开展三维可视化设计，但是缺少多个建筑物的地理空间拓扑关系和工程范围内大场景的真三维宏观展示，以及工程周边环境直观的三维实景可视化展示。

传统的工程勘测设计理念和方法，主要存在以下问题。一是工程勘测设计涉及专业多，前期各专业主要采用流水式作业模式，多专业协同设计程度相对较低，工程勘测设计周期相对较长；二是工程勘测设计基础数据和中间成果缺乏统一管理，由于专业多、时间紧、任务重，每个专业通常提供不同版本数据给下游专业使用，导致工程勘测设计不同专业使用的基础数据或中间成果版本可能不一致；三是部分项目采用二维 CAD 系统设计，成果流通性和展示效果较差，而使用 BIM 三维设计的项目由于不能支撑大场景展示和时空分析，现实还原性较差，难以和周边环境进行融合；四是存在成果位置信息提取精度差、坐标系统不统一等问题。

综上所述，有必要对各个专业的分析计算和解决问题的逻辑方法进行梳理，理清每个专业应用中与 GIS 相关的部分，利用 GIS 系统和思路来解决问题，从专业技术人员实际应用需求出发，形成真正能覆盖专业应用痛点，取得专业技术人员信任的服务软件，从而逐渐替代原有的计算方式或数据表达方式，在提高各专业本身工作效率的基础上也完成用于交互的数据统一，以实现各专业工作与 GIS 应用的深度交融。

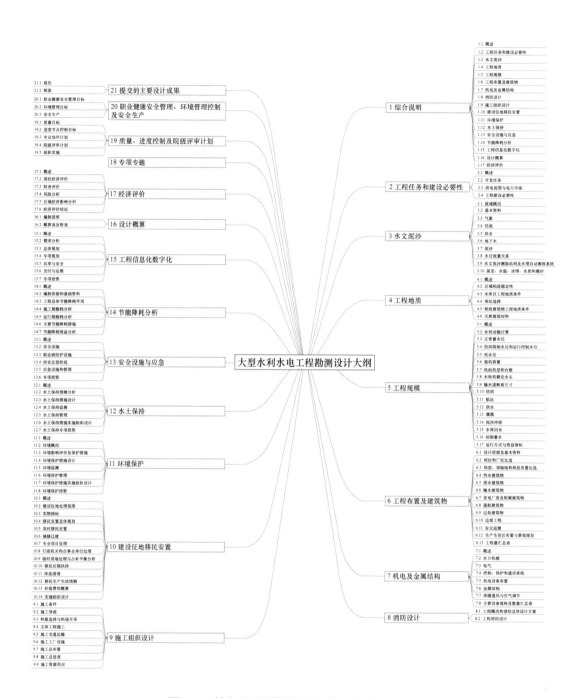

图 1-1　某水利工程勘测设计大纲工作内容

第三节 本书主要研究内容

基于工程 GIS 勘测设计现状，本书主要研究基于 GIS 时空分析的工程勘测设计关键技术、系统开发实现及应用推广。

一、工程全生命周期管理 GIS 应用研究

目前 GIS 时空分析技术在工程领域的应用愈加广泛，从前期信息采集管理、成果展示到后期运行维护管理，都能够实现工程及周边大范围空间的二维、三维展示效果，特别是可为工程运行维护阶段提供丰富、完整、齐全的工程相关信息资料，为工程全生命周期管理提供可靠的数据保障，结合工程管理信息化需要，通过后期开发能够成为实现全生命周期管理的重要技术手段。GIS 通过与 BIM 技术深度融合，能够更好地实现工程全生命周期管理应用。

1. 工程规划设计阶段

工程 GIS 通过工程相关测绘基础数据建立工程实景三维模型，通过工程地质数据建立工程地质三维模型，通过系统内置二、三维一体化设计工具和导入工程 BIM 规划设计模型，开展工程选址及布置等规划设计，可在工程及周边区域三维实景模型中展示工程各构筑物及与周边环境的空间关系，实现工程选址及建构筑物布设三维可视化，为决策者提供多种工程规划设计进行方案比选。

2. 工程勘察设计阶段

工程 GIS 通过勘察设计阶段新增工程相关测绘数据和工程勘察数据进一步完善工程实景三维模型和工程地质三维模型，通过系统内置二、三维一体化设计工具和导入工程 BIM 相应设计模型开展二、三维一体化工程技术简单设计，基本具备工程施工总布置图设计功能，可在工程及周边区域三维实景模型中展示工程各建构筑物及与周边环境的空间关系，优化工程各构筑物布置，保证各建构筑物布设的合理性、科学性，提高工程施

工和运行维护的安全性、稳定性，提供高精度三维设计仿真模拟，还可开展洪水淹没、环境影响、水土保持等时空数据分析与处理，相关成果数据反馈给设计专业和工程概算专业人员，为决策者提供多种工程布置比选方案。

3. 工程施工建造阶段

工程 GIS 根据工程进度适时更新完善工程实景三维模型、工程地质三维模型和工程各建构筑物 BIM 模型，提供工程设计成果三维展示、施工仿真、施工现场实时监控、施工进度管理、工程竣工资料实时上传等服务，保障工程施工资料的及时性、完整性、可靠性，全方位参与工程施工管理，为工程顺利实施提供技术保障。

4. 工程运行维护阶段

工程 GIS 在工程规划前期基础地理信息数据库、规划设计阶段数据库、工程施工数据库的基础上增加工程运行维护期数据库，可开展工程运维期监控三维可视化，也可显示、查询、分析工程各个历史时期数据，对工程运行状态、生态与环境影响情况进行空间分析，从而改善工程运行方案，提高工程运行效率和经济效益，为工程运行维护管理活动提供全方位的信息支持与服务。

二、基于 GIS 的辅助设计关键技术研究

通过基于 GIS 时空分析的辅助设计关键技术研究，实现勘测设计各阶段各专业相关基础数据集成和服务共享，支撑各专业协同设计全流程需求扩展，提高各业务阶段的生产效率和成果质量。主要包括面向工程的 GIS 公共服务、基于 GIS 的三维辅助设计和多专业 GIS 协同设计等关键技术。

（一）面向工程的 GIS 公共服务

根据信息化及数字工程建设要求，需要实现面向工程的 GIS 公共服务以辅助工程勘测设计，实现空间地理信息数据线上线下流转与工程项目信息交互的信息化管理。主要目标如下：

1. 实现空间数据管理及使用"规范化"

由于工程地理空间数据和工程相关资料种类多、格式杂、数据量大，所以管理、查询、

使用不便，资料共享性差，难以对历史数据进行比较分析，更不能对其进行相应的空间分析处理，数据价值挖掘不够。实现地理信息公共服务为摸清时空两个序列空间地理信息数据家底奠定基础，实现空间数据管理及使用"规范化"。

2. 实现项目全流程内空间数据"统一化"

打通各生产专业的数据通道，统一工程项目所使用的空间数据格式标准、空间坐标系统参考标准，提高基础地理空间数据使用效率，保障勘测设计成果质量。

3. 实现基础数据及业务过程全管控

实现特定范围内的空间地理信息数据收集、移交、归档、借阅、查询、利用等业务的全流程信息化管理。

（二）基于 GIS 的三维辅助设计

以工程三维辅助设计为核心应用，借助导入的数字正射影像图（DOM）、数字高程模型（DEM）、数字表面模型（DSM）、矢量数据、倾斜摄影三维实景模型及 BIM 模型数据搭建项目设计基础三维场景，直接进行建筑、道路、管网及电力线路选线等三维辅助设计，通过内置算法实现真实场景直观模拟，进行不同设计方案的比选和展示。主要目标如下：

1. 提高工程三维辅助设计工作效率

提高工程三维设计的工作效率及参与度，联动各专业优势，实现高效、智慧设计。

2. 实现数据统一管理及工程项目一张图

打通勘测设计各专业数据共享通道，统一管理 GIS 三维辅助设计系统所需各种数据。通过工程项目一张图，能够将 GIS 与 BIM 结合、GIS 与 CAD 结合，实现在三维场景的地形、倾斜、影像基础上，叠加 BIM 模型、CAD 转换数据、基础地理数据和项目空间专题数据等。支持全景数据集成展示，结合丰富的二维、三维地图功能，方便用户全方位地了解工程项目设计成果和建设成果。

3. 实现成本集约型工程三维辅助设计

直接从数据库中调取影像、模型等数据快速搭建三维场景，在场景中开展数据编辑、三维辅助设计、空间分析计算等工作，生成三维模型、图表、视频等多种成果，三维模型还可转换为二维图纸。后续修改可直接在原设计方案上进行，以节约设计成本，提高设计效率。

（三）多专业协同设计

各类大中型工程建设是一个复杂的系统工程，由于工程规模庞大、涉及专业多、覆盖范围广，不同工程在地形、地质、水文地质、水资源条件和综合利用等方面有着不同要求，使得工程建设具有极强的复杂性、多样性。多专业协同推进工作时，能否直观清晰地描述复杂工程建设的动态施工过程，是提高工程设计和管理水平的关键。

因此，以工程时空信息与协同设计全生命周期管理为样本，通过开展多专业 GIS 协同设计研究，极大限度地打通各专业之间的信息交互与共享。主要目标如下：

1. 实现各专业数据的共享共建

通过引入 GIS 时空分析技术，兼顾工程各专业 GIS 应用模块表层的独立性和深层的耦合性，将工程全生命周期以一种全面直观的形式进行展现。并摆脱各专业数据与成果内容在时间和空间上的限制，推进各专业数据的共享共建，以工程信息的数字化、直观化、可视化为出发点，将复杂的建设周期以一种直观可视化的形式表达出来，为全面、准确、快速地分析掌握工程建设全过程提供有力的分析能力，实现设计成果的可视化表达以及工程信息的高效应用与科学管理，进而为决策与设计提供信息支撑。

2. 提升各专业设计效率

GIS 强大的空间分析和可视化能力为工程领域各专业成果可视化表达提供有力的技术支撑。通过把客观世界对象的空间位置和相关属性有机地结合起来，借助强大的 GIS 数据管理和数据分析功能，为各专业提供一个科学简便、形象直观的可视化分析手段，极大地提高工程设计效率与辅助决策水平。

（四）各专业与 GIS 的结合重点及场景应用

通过研究各专业与 GIS 的结合重点及场景应用，根据需求开发专业应用模块，共享工程基础地理信息数据库、共用基础工具和 GIS 三维辅助设计系统等，各专业自建、维护本专业数据处理与时空分析模块（包括接收第三方软件处理成果）、专业设计制图模块、建立本专业三维模型库和定制专业成图模板、专业成果汇报模块等，需要开展现场数据采集的专业还可以增加移动端数据采集系统。

各专业应用模块可以与其他专业模块共同运行，也可各自独立成为专业应用系统运行，通过工程实践持续拓展各专业应用服务。在各类大中型工程建设中，GIS 与各专业的结合将更加深入，应用也将更加广泛。

第四节　本书的结构

本书结构由四部分组成：

（1）工程时空数据概述（第二章）。主要介绍了工程时空数据的概念与特征、建设与分类、组织与存储，便于对多源工程时空数据进行统一管理、规范使用和共享共建。

（2）面向工程的 GIS 公共服务和三维辅助设计（第三~第四章）。第三章主要介绍了工程类地理信息公共服务的现状背景及需求、应用模式及场景、标准规范设计、数据库设计，以及地理信息公共服务平台开发实现。第四章主要介绍了工程全生命周期三维映射的技术要点、以抽水蓄能电站工程选址为例介绍了工程规划选址的创新方法、BIM 数据与 GIS 融合的重难点和关键技术、基于参数化建模的三维辅助设计的技术路线和关键技术、实现多专业协同设计的重难点和关键技术，基于 GIS 三维辅助设计系统开发实现及应用实例展示。

（3）相关专业 GIS 应用研究与实践（第五~第九章）。第五~第九章分别介绍了工程勘察、工程移民规划、水文水资源、生态环境、新能源规划设计与 GIS 的结合重点、场景应用、专业数据库设计、关键技术、专业应用系统开发实现及应用实例展示。

（4）总结与展望（第十章）。对全书进行总结，指出今后需要努力的方向。

第二章 工程时空数据概述

第一节 工程时空数据概念与特征

一、工程时空数据的概念

工程时空数据是指空间要素或属性随着时间推移发生改变的工程地理实体或工程地理现象。工程时空数据是描述地球上存在的各种工程物体和工程地学实体具有空间、时间、属性的特征。空间特性是时空数据的位置特性，在一定的空间范围内存在，时间特性指的是数据表示的时空对象在其存在周期内具有明显地随着时间动态变化的特征，属性特征是指数据具有的某种特殊意义，以定性或定量的方式表达了物体专有的特征。

1. 空间信息的概念

空间信息主要包括物体的空间位置、形状和大小等几何特征，以及和邻近其他物体的空间关系。

位置用于确定地理实体具体在什么地方存在。空间关系用于表达地理实体的相互关系。空间对象的空间关系主要包括空间对象的度量关系，以及空间对象之间的空间拓扑关系。空间对象之间的空间拓扑关系是通过空间对象之间的位置关系和关联关系描述的，并且需要相应的方法进行查询。地理实体的形状通常分为点、线、多边形、混合类型，这样可以抽象化地表达时空对象，隐藏地理实体的细节特征，封装时空对象的基本操作。

几乎所有的空间信息都是以栅格结构数据或矢量结构数据来描述（见图 2-1）。

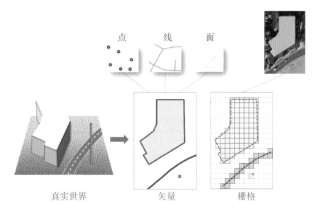

点　　　　线　　　　面

真实世界　　　　　矢量　　　　栅格

图 2-1　矢量结构数据与栅格结构数据表达真实世界示意图

　　矢量结构数据是以地理实体的边界在空间坐标系中的坐标来描述地理实体的。空间坐标系统中的坐标可以是经纬度坐标、各种投影标准下的坐标或者自定义的直角坐标等。各种空间坐标系统中的坐标可以通过坐标转换软件相互转换。矢量结构下的空间对象基本操作主要包括获取、设置地理实体矢量对象的形状，计算矢量对象的周长、面积，查询矢量对象之间的拓扑关系（如全等、相离、相交），空间分析（计算对象间距离、计算缓冲区等）。矢量结构精度高，理解和操作方便，占用空间小，缺点是难以描述复杂的时空对象。

　　栅格结构数据主要来自各种对地观测传感器，利用网格单元对地理实体进行划分，时空对象可以被多个网格单元覆盖。网格单元是基本像元，像元中的色彩灰度可以描述地表地形、植被覆盖程度、地表反射率等。网格单元按照行列组成的矩阵构成了栅格，栅格结构的简单结构适合各类遥感图像的表达和存储，操作方便；缺点是数据精度受到传感器硬件限制，并且图像占用存储空间比较大。

　　2. 时间信息的概念

　　时空数据总是在某一特定时刻或时间段内获得的，具有时效性，因此仅利用空间特征不足以描述地理实体的变化。时间作为描述时空对象的基本属性之一，是描述时空对象动态变化的重要元素。

　　现实世界中的时间是连续线性的，能够用和时间有关的连续函数描述的时空对象常常是理想化的。时空对象有些变化快，有些变化速度很慢。出于减少数据冗余的考虑，时空数据的表示方法往往是多样的，利用周期（例如年、月、日）描述有规律的历史变化，或利用分支结构描述时空对象过去、现在和未来的关系。

　　时间的表示方法主要有 3 种，分别是线性结构、循环周期结构和分支链式结构。

二、工程时空数据的特征

从工程时空数据本质来看，工程时空数据有以下三个主要特征。

（1）空间特征：空间特征是地理信息系统所独有的特点，表示某个地理实体或地理现象的空间位置或现在所处的地理位置以及该位置所对应的参考坐标系统，同样也可以表示其形状及大小等几何特征。空间位置在地理信息系统中通常使用坐标来描述。在地理信息系统中，坐标系统有着严格的定义，坐标系统是空间位置坐标的框架及标准。

（2）属性特征：属性特征是用于描述时空数据内涵的有效方式，通常属性特征用于表达地理实体或地理现象的专题属性，如名称、种类、数量、面积、性质、计量属性等。

（3）时间特征：时间特征是时空数据区别于传统地理空间数据的不同特征，用于记录地理实体或地理现象随着时间变换的情况。

从工程时空数据来源和使用来看，工程时空数据有以下五个特征。

（1）数据规模大。随着空天地各类数据采集传感器完善和计算能力的提升、采集精度的提高以及信息采集维度的增加，不仅每次采集的时空数据文件内容更多、占用空间更大，而且采集的频率也在逐步提高，特别是当前各类工程项目采用倾斜摄影三维实景测量、激光点云测量等新兴技术手段方式获取工程时空数据，这导致传统的时空数据可以从上百 MB 发展到上百 GB，数据量以指数级的速度增长。

（2）来源广泛。时空数据的来源非常广泛，所有含有明确的空间和时间信息的数据源，既可以是有明确模式的结构化数据，也可以是模式不明确的半结构化数据。对于非结构化的音视频、图像等数据，其元数据中的空间和时间信息也是一类时空数据的来源。例如智慧工地现场安全监控视频的元数据信息中包括拍摄地点、拍摄时间、持续时间、视频编码格式、视频尺寸和分辨率、摄像头型号等。

（3）结构复杂。不同来源的工程时空数据来源导致其数据结构不同。受到各种人为因素的影响，不同机构对于同一类数据的结构描述也有可能不同。对于时空数据中的空间信息而言，不同的时空对象具有不同的形状，例如点和多边形的数据结构必然不同。同样的时空对象也可能具有不同的数据格式，如某水电站实景三维模型的数据格式，可采用便于建模软件浏览编辑的 OSGB、OBJ 格式，也可采用便于三维模型服务发布的 3D Tiles、SLPK、3DML 格式。时间信息的表达主要有时刻和时间段两种方式，例如传感器的时空数据是仅在某一特定时刻产生的，而工程建设使用土地的时空信息往往是在比较长的时间段内有效，土地的性质、面积、权属往往持续若干年的时间长度不发生改变。

（4）无统一规范。世界上不同国家和组织对具体某一种时空数据命名方式不尽相同，标准也极其不统一、不规范。不同机构、不同设备制造商、不同数据采集方式和不同人为习惯所形成的不同数据规范，直接导致不同的时空数据描述方法和时空表达方式、数据结构、尺度和精度不同。地理、文化和语言的差异导致了数据差异。例如纬度的字段命名可能为 lat，也可能为 latitude。因此，时空数据的信息交换受到无统一规范的影响，存在使用不便。

（5）数据之间具有多种关联性。时空数据之间往往具有一定的关联性。比如国土空间规划项目中沿线分布的水资源、矿产、能源等自然资源潜力和时空分布在时间和空间上都存在关联。

综上所述，工程时空数据的特点是数据规模巨大、来源广泛、结构复杂、无统一规范和具有一定的关联性。同时，由于不同的行业需求，描述时空数据的规范、属性特征、格式千差万别，时空数据受到各种自然语言和行业语言描述方式和精度的限制存在规范不统一、精确程度不够的问题。

因此，在海量时空数据存储方案中不可避免地需要对时空数据的地理位置信息、时间信息和专题属性信息等特征描述方法等进一步规范，尽可能减少各类时空数据的结构差异、规范差异与非精确性对海量时空数据存储和处理带来的各类实体建模问题，采用统一的数据模型展现各种类型和各种结构的时空数据与时空实体属性之间的关联规则，为工程时空数据的处理和集成、共享和服务发布等功能奠定基础。

第二节　工程时空数据建设与分类

在时空大数据和时空信息云平台等概念提出之前，常使用地理空间数据和地理空间框架去表达真实世界。在地理空间框架中，常用空间基准、基础地理信息数据库、地理信息公共平台去还原现实世界，如图 2-2 所示（图 2-2 来源于智慧城市时空大数据与云平台建设技术大纲），基础地理信息数据库和公共平台是数字地球的主要建设内容。

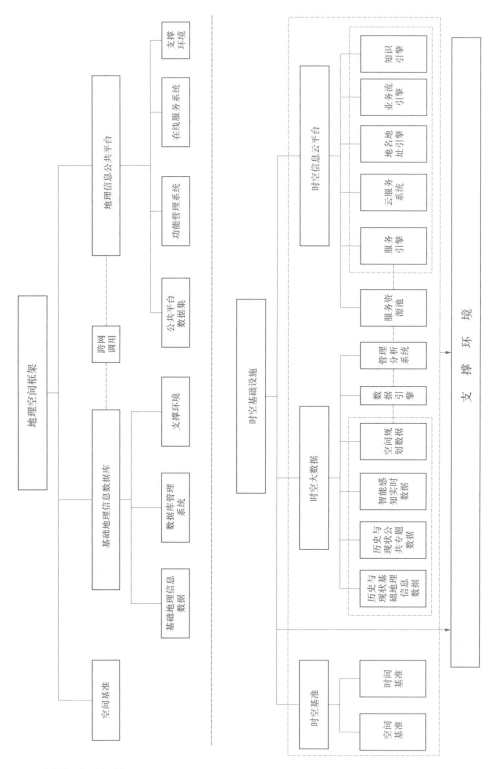

图 2-2　时空基础设施与地理空间框架的构成与历史联系

随着数字地球地理空间框架转型升级为智慧地球时空基础设施，相应地需要实现"四个提升"，即空间基准提升为时空基准，基础地理信息数据库提升为时空信息数据库，地理信息公共平台提升为时空信息云平台，支撑环境由分散的服务器集群提升为集约的云环境。其中，时空数据的建设是时空基础设施建设的重点内容。

一、工程时空数据的建设

工程时空基础设施的建设主要以数字地球地理空间框架为基础进行多源时空数据的集成。时空大数据平台集成的数据类型丰富、格式多样、来源广泛；部分数据因时间跨度较长，采用的测绘基准、标准不一致。因此针对后期要在时空信息平台里使用工程时空数据，必须对多源的时空数据进行一定的处理，主要包括统一时空基准、统一数据格式、统一数据结构、数据空间化等四个方面。

1. 统一时空基准

时空基准是指时间和地理空间维度上的基本参考依据和度量的起算数据。时空基准数据是经济建设、国防建设和社会发展的重要基础设施，是工程时空数据在时间和空间维度上的基本依据。时间基准中日期应采用公历纪元，时间应采用北京时间。大地基准建议统一到 CGCS2000 国家大地坐标系和 1985 国家高程基准。

2. 统一数据格式

各类工程中应用的地理信息数据，由于数据来源不同，数据格式不同，在数据互联互通中存在着数据格式互操作屏障，例如工程中较为经常使用的 CAD 格式数据，本身不具备拓扑关系，且不存储时空信息数据特有空间坐标，也不存储时空数据特有的时间属性特征。进行格式统一操作，将对各类空间邻接的时空信息数据进行数据合并、自动接边，数据表格自动赋值。对于表格、文档等自身不具备空间坐标信息的数据，如地名地址数据，可根据属性项进行提取，形成地理信息基础矢量数据；二、三维图形数据源需要统一至常见的地理信息数据格式，在统一的过程中，需要重点考虑数据格式的开放性、标准化、易共享性，如二维地理信息格式 Shapefile、GeoDatabase 格式、三维地理信息格式 SLPK、OSGB、3D tiles 等格式，符合主流的二、三维地理信息软件的格式应用需求；非图形数据统一至结构化或非结构化的数据格式；流式感知数据源统一至常见的视频格式。

3. 统一数据结构

对于基础地理信息数据、专题数据、规划数据等工程应用数据，还需要进行统一数据结构处理。在项目实施过程中，需要对各类成果的数据结构进行一致化操作，以便于提取分析利用不同时期的数据。通过对不同数据源中同类要素进行对比分析，提取有效图层，对提取的要素进行分层合并，并提取有效属性，进行属性字段、属性结构的规整，形成结构统一、标准统一的时空信息数据库。

4. 数据空间化

工程时空数据建设过程中，还有一项重点工作是将非空间数据依托地名地址匹配引擎，赋予空间属性，满足政府部门、建设单位、设计单位、施工单位等有关部门工程时空数据的应用落地需求。因此各类时空信息数据的空间化至关重要，主要包括以下几种类型数据的空间化：

（1）工程地址、项目地点等具有空间位置坐标的数据，可依据坐标匹配定位进行数据空间化展示，同时根据地图服务标准接口实现数据信息"落地"。

（2）住宅、人口统计等蕴含地名地址信息的数据，首先需要识别萃取出地名地址信息，建立含有地名标识的切分序列与逻辑组合关系，然后基于分词、本体和词语相似性等多种匹配，利用局部模糊匹配后的歧义消除方法，实现高效、精准、实用的地名地址匹配。

二、工程时空数据的分类

工程时空数据分类是针对含有时间属性和空间属性相关的工程数据，为方便数据在计算机中的管理和应用，需要遵循一定的分类原则，采用合理的分类方法，按照工程时空数据的内容和性质，将表达含义类似的数据合并到一起，表达含义大相径庭的数据区分的过程。

综合工程应用实际情况，结合时空大数据平台建设技术大纲要求，将工程时空数据分为基础时空数据、公共专题数据、物联网实时感知数据、互联网在线抓取数据、自然资源数据和扩展数据 6 个大类。

1. 基础时空数据

基础时空数据共包含 7 个一级类，全部继承于自然资源部印发的《智慧城市时空大数据平台建设技术大纲（2019 版）》要求，分别是矢量数据、影像数据、高程模型数据、地理实体数据、地名地址数据、三维模型和新型测绘产品数据。具体分类和相应代码如表 2-1 所示。

表 2-1　基础时空数据分类及代码表

序号	一级分类		二级分类		三级分类	
	分类	代码	分类	代码	分类	代码
1	矢量数据	1010000				
2	影像数据	1020000				
3	高程模型数据	1030000				
4	地理实体数据	1040000	境界与政区实体	1040100		
			道路实体	1040200		
			铁路实体	1040300		
			河流实体	1040400		
			湖泊实体	1040500		
			植被实体	1040600		
			管线实体	1040700		
			房屋实体	1040800		
			院落实体	1040900		
			其他扩展实体	1049900		
5	地名地址数据	1050000	自然地名	1050100		
			人文地名	1050200		
			其他专业地名	1059900		
6	三维模型数据	1060000	一级模型数据	1060100		
			二级模型数据	1060200		
			三级模型数据	1060300		
			四级模型数据	1060400		

序号	一级分类		二级分类		三级分类	
	分类	代码	分类	代码	分类	代码
7	新型测绘产品数据	1070000	全景及可量测实景影像	1070100		
			倾斜影像	1070200		
			激光点云数据	1070300		
			室内地图数据	1070400		
			地下空间数据	1070500		
			建筑信息模型数据	1070600		
			街景数据	1070700		

2. 公共专题数据

公共专题数据共包含 6 个一级类，分别是法人数据、人口数据、宏观经济数据、民生兴趣点数据、电子证照数据、地理国情普查与监测数据。具体分类和相应代码如表 2-2 所示。

表 2-2　公共数据分类及代码表

序号	一级分类		二级分类		三级分类	
	分类	代码	分类	代码	分类	代码
1	法人数据	2010000				
2	人口数据	2020000				
3	宏观经济数据	2030000	政府统计数据	2030100		
			部门统计数据	2030200		
			外部统计数据	2030300		
4	民生兴趣点数据	2040000	政府机关	2040100		
			教育机构	2040200		
			科研院所	2040300		
			卫生社保	2040400		

续表

序号	一级分类		二级分类		三级分类	
	分类	代码	分类	代码	分类	代码
4	民生兴趣点数据	2040000	餐饮设施	2040500		
			交通设施与服务	2040600		
			旅游设施与服务	2040700		
			文体娱乐	2040800		
			购物场所	2040900		
			住宿场所	2041000		
			公共服务设施	2041100		
			生活服务设施	2041200		
			金融机构	2041300		
			其他兴趣点	2041400		
5	电子证照数据	2050000	公安	2050100		
			工商	2050200		
			人社	2050300		
			卫计	2050400		
			食药监	2050500		
			商务	2050600		
			教育	2050700		
			民生	2050800		
6	地理国情普查与监测数据	2060000	地表覆盖数据	2060100	道路	2060101
					林地	2060102
					园地	2060103
					水域	2060104
					耕地	2060105
					草地	2060106
					构筑物	2060107
					堆掘地	2060108

序号	一级分类		二级分类		三级分类	
	分类	代码	分类	代码	分类	代码
6	地理国情普查与监测数据	2060000	地表覆盖数据	2060100	房屋建筑	2060109
					荒漠与裸露地表	2060110
			地理国情要素数据	2060200	道路	2060201
					水域	2060202
					堆掘地	2060203
					构筑物	2060204
					地理单元	2060205
			专题国情数据	2060300		

3. 物联网实时感知数据

物联网实时感知数据是通过传感器或成像仪等智能设备感知到的具有时间标识的实时数据，分为实时获取的基础时空数据、实时采集的行业专题数据 2 个一级类。实时获取的基础时空数据包括位置信息数据、遥感影像数据、视频监控数据 3 个二级类型；实时采集的行业专题数据包括环保实时数据、交通实时数据、公安实时数据、城管实时数据、气象实时数据、水文实时数据、灾害应急实时数据、能源监测实时数据 8 个二级类型。位置信息数据包括手机信令数据、车载实时定位数据、点云数据、GNSS 定位定向数据 4 个三级类型。具体分类和相应代码如表 2-3 所示。

表 2-3　实时数据分类及代码表

序号	一级分类		二级分类		三级分类	
	分类	代码	分类	代码	分类	代码
1	实时获取的基础时空数据	3010000	位置信息数据	3010100	手机信令数据	3010101
					车载实时定位数据	3010102
					点云数据	3010103
					GNSS	3010104

续表

序号	一级分类		二级分类		三级分类	
	分类	代码	分类	代码	分类	代码
1	实时获取的基础时空数据	3010000	遥感影像数据	3010200		
			视频数据	3010300		
2	实时采集的行业专题数据	3020000	环保实时数据	3020100		
			交通实时数据	3020200		
			公安实时数据	3020300		
			城管实时数据	3020400		
			气象实时数据	3020500		
			水文实时数据	3020600		
			灾害应急实时数据	3020700		
			能源监测实时数据	3020800		

4. 互联网在线抓取数据

由于此大类没有具体的分类要求，在汇聚时空大数据时，不同部门可以根据不同的需求，采用互联网、网络爬虫等技术，在线抓取完成任务所缺失的数据，将其填充到相应的大类型中，因此这部分没有详细的分类。

5. 自然资源数据

按照现状数据、规划数据、管理信息、社会经济数据进行组织，特将自然资源数据单独摘除划分成的一个大类，共包含 3 个一级分类，分别是现状数据、规划数据和管理数据。将自然资源数据中公共性、基础性、通用性的数据提取出来，扩充到分类体系当中。即现状数据包括国土调查 1 个二级类型，规划数据包括重要控制线 1 个二级类型。国土调查包括第三次国土调查、土地利用现状 2 个三级类型，重要控制线包括生态保护红线、永久基本农田、城镇开发边界 3 个三级类型。具体分类和相应代码如表 2-4 所示。

表 2-4　自然资源数据分类及代码表

序号	一级分类		二级分类		三级分类	
	分类	代码	分类	代码	分类	代码
1	现状数据	5010000	国土调查	5010100	第三次国土调查	5010101
					土地利用现状	5010102
2	规划数据	5020000	重要控制线	5020100	生态保护红线	5020101
					永久基本农田	5020102
					城镇开发边界	5020103
3	管理数据	5030000				

6. 扩展数据

扩展数据属于可扩展的分类数据，因数据类型不统一，故没有形成具体的分类体系，不同地区的不同部门可以将当地的特色数据分到此大类中，作为工程时空数据分类体系的一类。

第三节　工程时空数据组织与存储

一、工程时空数据组织模型

工程时空数据模型是在空间模型上扩充或使用时态模型来表示时空数据，是一种管理和存储时空数据的抽象方法，也是管理时态工程 GIS 数据的关键模型。如何建立一个高效合理的时空数据模型对工程时空数据的应用和发展具有重要意义。基本的时空数据模型主要有：时空立方体模型、基态修正模型、基于事件的时空数据模型、面向对象的时空数据模型。其他时空数据组织模型是在这些模型上的扩展、优化和延伸。

1. 时空立方体模型

时空立方体模型是将现实世界中的平面位置空间采用二维坐标轴来表示，平面位置随时间的变化状态是用一维的时间轴来表示。三维的时空立方体可被拆分为两部分理解：由 X 和 Y 组成的二维平面空间、由纵轴表达的一维时间轴。在任何时间下，所有的空间实体都可看作一个时空立方体。实体随着时间维变化的过程就是实体实际状态的变化，如图 2-3 所示。为每个立方体赋一个 ID，通过属性连接，将时空立方体具化成有实际含义的模型。通过获取三维立方体在某一时间节点的时间截面，即可查询获取到处于时间节点的实体的属性及几何状态。

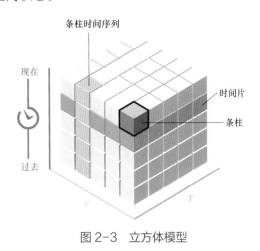

图 2-3　立方体模型

2. 基态修正模型

基态修正时空数据模型是对序列快照时空数据模型的优化。基态修正模型将数据在某个时间下的状态作为起始状态，起始状态通常被叫作基态，按照一定的时间间隔来获取序列快照，得到后一快照相对于前一快照的变化量，并将该变化量存储于基态。对于每一个对象，只需存储其初始的状态，对象随时间的每一次变化，只有对象变化的数据量会被系统捕捉。通过将不同时刻的数据变化量同基态叠加，即可获得某一时刻下的数据状态。图 2-4 表示的是基于基态修正时空模型的土地划拨过程。存储在基态上的变化量可通过分析得到地理对象的时间变化规律，在位置或对象的查询方面也较为适用。

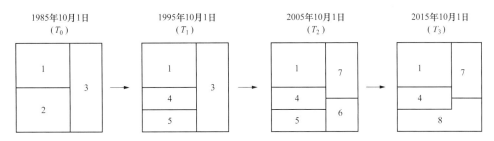

图 2-4　基态修正模型

3. 基于事件的时空数据模型

对象的状态变化构成事件，每个事件都有两个时间节点：发生时间和结束时间，其记录和反映对象状态随时间变化的具体细节。在基于事件的时空数据模型中，对象的状态每发生一次变化就产生一个事件，地理对象的时空信息随对象的变化而存储在事件的属性中，如图 2-5 所示。该模型的构建思路与基态修正时空模型大致相同，也是在开始时刻存储初始状态，不同之处在于它在每个事件点存储的是相对于前一个状态的变化，是时序性的存储，在数据的空间和时间查询效率方面有所提升。

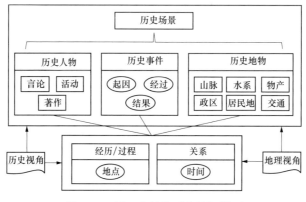

图 2-5　基于事件的时空数据模型

4. 面向对象的时空数据模型

随着计算机的普及，软件开发方法分为两种：面向过程和面向对象，把研究对象抽象成一个类是面向对象最大的特点。然后，有学者将面向对象的思想同时空数据模型结合，提出一种面向对象的时空数据模型，其具体的思路是，把具有共同特征的事物抽象为类，描述了对象的组织结构和动态变化特征。地理时空对象封装了对象的时态信息、空间信息和属性信息以及相关的坐标系统及时空拓扑关系，如图 2-6 所示。

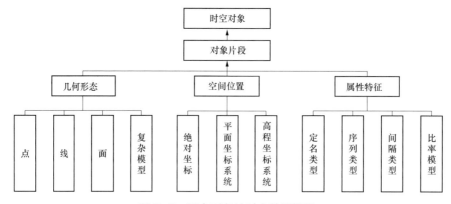

图 2-6　面向对象的时空数据模型

二、工程时空数据存储方案

工程时空数据的获取途径增多，其数据量也在日益增长，空间数据的存储和组织是实现空间数据检索和共享的前提，也是挖掘空间数据显性价值和隐性价值、进行空间数据关联分析的基础，如何实现数据的高效组织和存储是目前亟须解决的问题。需要存储的工程时空数据内容如表 2-5 所示。

表 2-5　工程时空数据储存内容

数据类型	数据内容
矢量数据	点、线、面（多点、多线、多面）
栅格数据	数字正射影像、数字高程模型、数字栅格图等
三维模型数据	实景三维模型、建筑信息模型、三维建模数据等
元数据	数据生产时间、生产人员、语义类别、空间位置描述信息等
非结构化数据	图片、音频、视频、文本文档、传感信息数据等

（一）空间数据的存储

空间数据主要包括矢量数据、栅格数据、三维模型数据及元数据。

1.矢量数据的存储

对矢量数据的存储主流是通过在关系数据库表结构中增加一个变长二进制的数据类型来支持对空间数据的存储，即把复杂的数据类型抽象为一个二进制流。目前一些主流的关系数据库管理系统均支持这种二进制大对象的存储，如 Oracle 中的 BLOB 和 CLOB 等数据类型，SQL SERVER 中的 TEXT/IMAGE 数据类型，Informix 中的 BLOB 数据类型，存储容量最大可以达到 4GB。

2.栅格数据的存储

栅格数据主要指的是影像数据、纹理数据和 DEM 数据。在存储时都需要进行分块，每次调度和使用的数据仅仅是其中极小的一部分，所以数据分块是高效组织和管理栅格数据的关键。

3. 三维模型的存储

三维模型数据主要指一体化系统中重要的地物模型，如桥梁建筑物等，主要通过两个数据表（模型基本信息表和模型表）和对应的模型文件组成。模型基本信息表主要存储系统中所建模型的信息，包括模型的名称、模型对应的位置、模型的中文名称、模型在 XYZ 三个方向的旋转信息等。模型表主要记录三维场景中所放置模型的信息，包括记录模型的名称及对应的实体名称、模型定位点坐标、缩放比例、旋转角度等信息。模型文件使用文件系统进行管理，即保持建模后的模型文件不变，统一编码放置在对应的数据文件夹下。

（二）非结构化数据的存储

非结构化数据作为工程项目建设中日益增长的一种类型的数据，其获取数据的速度和数量绝不比结构化数据低。从本质上看，非结构化数据其实都是依托空间数据对象而产生的，或者含有地名地址和建筑物名的相关描述。对于视频、音频、照片、文本等非结构化数据的组织和存储，通常采用数据挂接的方式，将非结构化的数据挂接到与之关联的空间数据下，作为空间数据的扩展属性字段。属性字段包括非结构化数据的数据名称、数据类型以及数据位置。在空间数据的组织和管理过程中，能通过此方法实现快速的识别和检索到与之对应的非结构化数据，能更好地利用非结构化数据，方便进行关联分析和数据分析，挖掘其潜在的价值。

第三章　面向工程的 GIS 公共服务

面向工程勘测设计的 GIS 公共服务主要以地理空间数据的管理和服务为基础，通过空间数据的全流程贯通，从源头上统一各专业工作底图，实现宏观层面的数据继承、工作协同；以空间分析技术的深度应用为核心，全面服务于测绘、地质、规划、移民、环保、新能源等专业的通用需求；与基于 BIM 的工程三维正向设计协同配合，实现宏观分析和微观设计衔接，全面提高各专业对空间数据的查询速率、利用效率和分析水平，提高工作效率。下文主要介绍面向工程勘测设计的地理信息公共服务概况、重点应用场景、几项重点工作以及系统实现等。

第一节　工程类地理信息公共服务

一、现状背景

工程勘察设计企业在提供工程技术服务的过程中，往往会获取和累积大量的工程地理空间数据和工程建设相关属性数据。同时，参与工程建设的各类专业人员，还会有针对性地收集工程相关多专业数据。但是大量的数据和信息，除在工程勘测设计时使用外，其他时间均存放在工程档案室库房中，导致数据的管理、查询、更新及使用极为不便。一是管理不方便，数据量大、格式多；二是查询不方便，资料共享性差，可能造成重复收集、重复生产，浪费人力物力；三是使用不方便，难以对历史数据进行比较分析，更不能对其进行相应的空间分析处理，数据价值挖掘不够；四是结合使用公共 DEM、DOM 等地理空间数据资源困难。

二、需求分析

1. 基础数据收集整理、管理与发布

（1）能够通过多种途径收集全球、全国基础地理数据、DEM 数据、DOM 数据，并发布为基础底图服务供平台和其他专业应用系统使用；

（2）能够通过在线调用方式使用天地图服务等公开数据源作为工作底图，因数据版权原因无须再提供地图下载器；

（3）空间数据统一采用双坐标系方式存储，即工程坐标系和 CGCS2000 坐标系；

（4）数据管理以元数据为基础，非涉密数据均应提供数据和元数据浏览，涉密数据只需提供元数据和边框浏览；

（5）能够提供 ArcGIS 格式与 CAD 格式矢量数据互转，其中重点实现地形图、水工布置图从 CAD 转 ArcGIS 格式，需解决相关符号丢失问题。

2. 工程项目协作

工程项目中涉及空间数据的各专业可进行在线协作。

（1）项目启动时，项目经理可申请工作底图（基础数据），准备就绪后发布（非涉密则上传数据，涉密则发布通知），另外可发布项目技术规定和成果规范；

（2）项目经理可根据工程项目实际需求，设定项目的流程节点，明确各节点的专业负责人及成果要求；

（3）允许一个专业参与多个流程节点，允许无依赖关系的流程节点同时开展，允许一个流程节点有多个后序流程节点或一个流程节点有多个前序流程节点；

（4）提供简单的二维图形标绘功能，部分流程节点可进行在线设计、审核并提交成果；

（5）复杂的设计使用专业软件完成，设计人员能够获取工作底图（基础数据）和其前序流程的成果数据，设计成果经审核通过后结束该环节；

（6）项目经理可在线浏览各流程的成果，可提出修改意见，系统进行通知（集成门户网站待办事项）；

（7）前序流程节点完成后或前序流程的成果修改完成后，系统通过待办事项通知后序流程节点相关人员；

（8）能够对三维模型、BIM 模型、CAD 数据进行转换，并将转换后的成果叠加在基础底图上展示。

3. 制图输出

需要实现基于数据表格输入，提供多元化在线制图底图及符号化体系，完成专题图的自动生成。

4. 对其他应用系统的数据支持

其他应用系统均可调用地理信息公共服务提供的基础地理数据和服务，统一数据标准及来源，并对以上服务请求进行管理。

三、重难点分析

1. 摸清企业空间数据家底，建立工程时空数据"一张图"

为提高数据挖掘价值，从数据入库管理入手，建立企业空间数据管理规范、使用规范，通过标准化的数据管理及入库流程，对基础地理数据、影像数据、项目数据、专业数据、CAD 设计图件、BIM 设计模型等进行统一入库、更新管理，并对入库数据进行质量检查，建立版本管理机制，实现对各类数据的统一维护管理，建立企业工程时空数据"一张图"。

2. 构建企业级多专业时空数据共建共享模式

工程勘察设计项目参与专业众多，各专业在工程建设的各阶段的工作重点不同、参与程度不同、通过专业手段获取的专业化数据不同，各专业都持有大量一手的专业化数据，存在专业间数据信息壁垒、难以共享的现象。

构建企业级多专业时空数据共建共享模式，打通各专业的数据通道，统一工程项目中各专业数据存储、入库、管理方式，共享专业数据的元数据。针对工程项目相关的时空数据，建设二三维一体化的地理空间共享数据库，融合不同来源、不同比例尺、多时相、多坐标系的矢量空间数据、影像数据、倾斜摄影模型、CAD、BIM 模型数据等，建立各类数据文件与元数据的关联关系，将工程项目或专业相关的文档资料、图件资料等进行一体化存储管理，实现企业内部信息数据收集、移交、归档、借阅、查询、利用等业务的全程信息化管理，提高各类数据信息的透明度和使用效率。

3. 企业级地理信息公共服务管理

在工程勘察设计企业里，专业内部往往会建立服务于自身业务的信息化系统，各类数据在系统内部进行流转，但各专业都会围绕工程勘察设计项目对相关的地理时空信息数据产生需求，这些数据除了通过数据拷贝方式进行数据交互外，建立企业级地理信息公共服务为各类应用系统提供数据，成为提高数据利用率和流转率的重要方式。同时，通过建立企业级地理信息公共服务，提供时空数据服务的注册、转发、访问权限控制、运行监控和统计分析功能，统一的平台对地理时空数据服务进行管理和维护，实时对相关的数据服务进行监控，关注每一个数据服务的调用情况。

四、小结

综上，企业级的地理信息公共服务需求明确但实现起来技术难度大，运营维护的难度也大，必须从顶层做好设计，制定企业级的标准规范、对数据流转进行通盘分析、完成数据库的设计与搭建，从而为系统实现奠定基础。

第二节　应用模式及应用场景

一、应用模式

工程类企业地理信息公共服务的应用模式如图 3-1 所示。

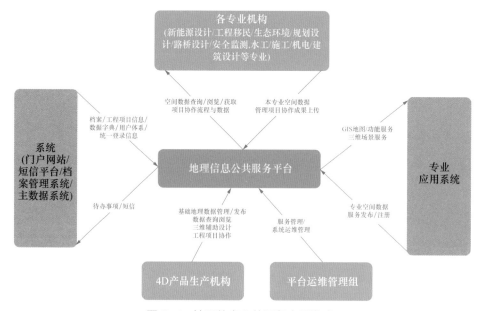

图 3-1　地理信息公共服务应用模式

如图 3-1 所示，地理信息公共服务体系主要提供空间数据的管理与服务。其中，4D产品生产机构负责基础地理数据的管理与发布，其他各专业机构负责本专业空间数据的管理；所有空间数据汇聚到公共服务体系中，再为企业用户提供数据查询、浏览和获取等功能；同时以服务方式为企业其他业务应用系统提供地理空间数据；提供工程项目协作流程与数据管理功能，方便各专业在线协同完成工程项目设计工作；此外体系建立应与企业原有信息系统进行集成，由运维管理团队进行服务管理及运维管理。

二、应用场景

根据需求分析及应用模式分析，拟采用建立企业级地理信息公共服务平台的解决方案。围绕平台建设进行应用场景设计主要包括企业内普通用户、专业数据维护人员、专业设计人员、专业负责人、专业管理员、工程项目经理、平台管理员等角色，不同用户角色的主要应用场景设计如下。

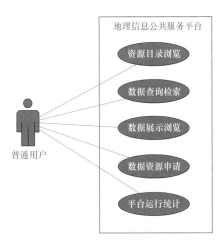

图 3-2　普通用户应用场景

1. 普通用户

普通用户可登录平台门户系统，进行资源目录浏览、数据查询检索、数据展示浏览、数据资源申请、平台运行统计查看等，主要的应用场景如图 3-2 所示。

2. 专业数据维护人员

专业数据维护人员除具有普通用户的所有权限外，还可登录平台门户系统并进行专业数据维护管理，如图 3-3 所示。

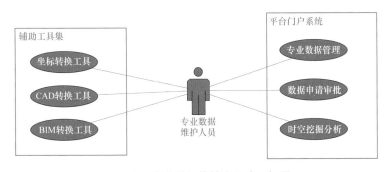

图 3-3　专业数据维护人员应用场景

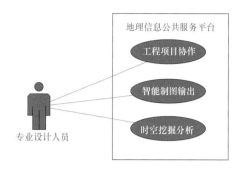

图 3-4　专业设计人员应用场景

3. 专业设计人员

专业设计人员除具有普通用户的所有权限外，还可登录平台门户系统参与工程项目协作，进行智能绘图输出和时空挖掘分析，如图 3-4 所示。

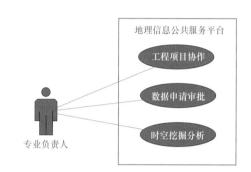

图 3-5　专业负责人应用场景

4. 专业负责人

专业负责人除具有普通用户的所有权限外，还可登录平台门户系统审批数据申请，或参与工程项目协作，如图 3-5 所示。

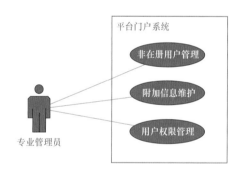

图 3-6　专业管理员应用场景

5. 专业管理员

专业管理员除具有普通用户的所有权限外，还可登录平台门户系统进行本专业机构的用户和权限管理，如图 3-6 所示。

6. 工程项目经理

工程项目经理除具有普通用户的所有权限外，还可登录平台门户系统进行工程项目协作管理，如图 3-7 所示。

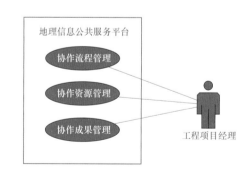

图 3-7　工程项目经理应用场景

7. 平台管理员

平台管理员除具有普通用户的所有权限外，还可登录运维管理系统进行平台的运维管理操作和服务管理，或登录数据管理系统进行数据同步管理，如图 3-8 所示。

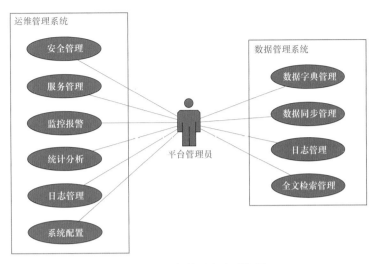

图 3-8　平台管理员应用场景

三、小结

通过对应用模式的分析，确立了以地理信息公共服务平台为空间数据中台的整体解决方案，按照工程企业内通用角色定义用户应用场景，理清平台建设的需求层次以及内在逻辑，为下一步平台建设奠定基础。

第三节　标准规范设计

一、现状背景

前文已述及工程时空数据的特点是数据规模巨大、来源广泛、结构复杂、无统一规范和具有一定的关联性。同时，由于不同的行业及专业需求，描述工程类时空数据的规范、属性特征、格式千差万别，时空数据受到各种自然语言、专业术语和行业语言描述方式和精度的限制而存在规范不统一、精确程度不够的问题。因此在海量时空数据存储方案中不可避免地需要对时空数据的地理位置信息、时间信息和专题属性信息等特征描述方法进一步规范，尽可能减少各类工程相关时空数据的结构差异、规范差异对海量时空数据存储和处理带来的各类实体建模问题，采用统一的数据模型展现各种类型和各种结构的时空数据与时空实体属性之间的关联规则，为工程时空数据的处理和集成、共享和服务发布等奠定基础。

二、建设内容

主要包括制定系统运行维护管理制度，地理信息数据库安全与保密管理制度等。参考国家相关标准规范并结合企业实际，形成地理信息数据查、调、管、控等方面的标准规范体系及实施要求。

1. 数据标准与服务规范

为统一存储多源异构数据，并提供统一的 GIS 服务和各类业务数据服务，需为平台制定相关标准规范，主要包括以下内容（见表 3-1）。

表 3-1　数据标准与服务规范需求分析

标准规范	主要内容	备注
元数据规范	制定各类数据的元数据规范，包括元数据文件格式、元数据结构和内容取值标准等	平台各类数据均应提供元数据
基础地理数据规范	根据 GB/T 13923—2022《基础地理信息要素分类与代码》按照点、线、面、注记要素分层存储	
地图服务规范	对各类地图服务配图标准进行约定，明确符号化规则、标注规则；对各比例尺下显示的数据内容进行限定；对瓦片服务切片参数进行约定	
工程项目组织规范	指定工程项目数据的目录结构组织规范，明确工程项目下各专业分类数据的层次关系	
专业分类组织规范	指定专业分类数据的目录结构组织规范，明确各类数据下各种数据类型的层次关系	需各专业配合制定
标准制图模板	根据项目常用成果图制作需求和各专业制图需求，建立相关制图模板，方便按模板快速配置出图	需各专业配合制定
业务数据批量导入模板	为各类业务数据制定标准的表格模板，方便批量导入数据	
数据交换格式标准	制定平台中需要使用的矢量数据交换格式、三维模型交换格式、BIM 交换格式的相关标准	需各专业配合制定
服务使用规范	提供对平台所发布的地理信息服务的介绍，包括技术规格、调用访问规范与示例代码	

2. 操作流程规范

主要针对平台各类运维管理操作进行规范（见表 3-2）。

表 3-2　操作流程规范需求分析

标准规范	主要内容	备注
数据备份恢复操作规范	制定平台数据库备份、恢复相关操作流程和规范，包括空间数据备份恢复、业务数据备份恢复、文件资料备份恢复	
软件安装配置操作流程	制定平台各子系统及基础软件的安装部署操作流程和配置、调试规范	
系统运行控制操作流程	制定平台启动运行、停止运行的操作流程规范，明确各类相关软件启动顺序、停止顺序和启动前后、停止前后的操作及规范	

3. 安全保密制度

制定平台质量保障、安全保密等相关管理规定（见表 3-3）。

表 3-3　安全保密制度需求分析

标准规范	主要内容	备注
数据质量保障措施	制定平台相关数据、成果的质量保障措施，明确各类数据的质量要求或标准规范，保障体系和技术手段	
平台安全管理机制	制定平台安全策略和技术机制，明确平台用户权限体系和各个用户角色的安全责任	
平台保密制度	明确平台保密要求、涉密人员及其保密责任、具体保密措施（制度和技术手段）	

三、小结

在没有统一规范这一背景下，要在企业内部实现时空数据的整合、管理、流转、发布等，必须围绕平台，包括但不限于从"数据与服务""操作流程"以及"安全保密"等几个方面制定相应的标准和规范，为平台统一数据库的建设，规范化的应用推广提供保障。

第四节　平台数据流分析及数据库设计

一、数据流分析

基础地理数据流如图 3-9 所示。

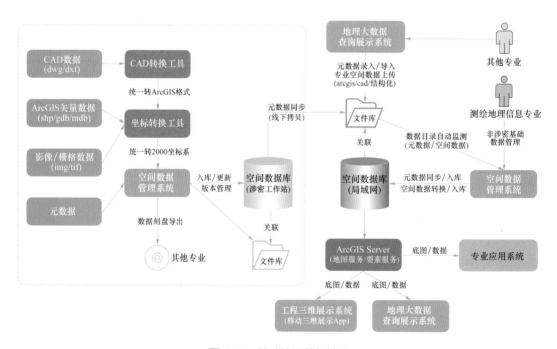

图 3-9　基础地理数据流图

二、数据库设计

地理信息公共服务平台数据库总体逻辑如图 3-10 所示。

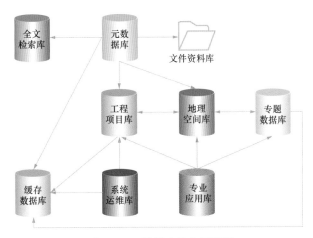

图 3-10　数据库总体逻辑图

平台以地理空间库为支撑，以元数据库为基础，以工程项目库为核心，整合专题数据库、系统运维库，并延伸至缓存数据库、文件资料库和全文检索库，后续为各专业应用库提供服务。

其中，地理空间库主要存储各类基础地理数据、遥感影像数据、三维模型数据等，并建立专题数据、工程项目数据、元数据与地理空间数据的对应关系。

工程项目库主要存储工程项目信息、项目协作流程信息等，并与各类元数据建立关联关系；专题数据主要包括经常用到的人口、社会经济、流域、水文、气象等相关数据，这些数据均与空间数据关联，并生成缓存数据。

元数据库主要包括各类地理空间数据、项目数据的元数据信息，并与文件资料建立关联关系，同时生成全文检索库和缓存数据库中的数据、索引。

系统运维库主要提供对用户权限、系统日志，以及其他与系统运行维护相关的信息。

三、小结

企业级的地理信息公共服务平台建设的目标是解决企业内海量"工程时空数据"的管理与应用所存在的问题。通过数据流的分析确定了平台的底层逻辑，由此也理清了数据库建设的总体逻辑，为平台建设奠定基础。

第五节 地理信息公共服务平台建设

一、系统架构

地理信息公共服务平台采用图 3-11 所示的多层体系结构，以下分别对各层技术路线及作用进行描述：

1. 基础支撑层

主要包含支持系统运行的网络环境和软硬件设备，包括服务器、涉密工作站（单机）、PC 客户端、移动终端等；软件主要含有操作系统，数据库，文件存储系统及相应的基础软件如 ArcGIS、Skyline、Tomcat 和 IIS，此外还包含用到的一些工具软件。

2. 数据层

主要为平台管理的数据资源内容，主要由地理空间库、专题数据库、工程项目库、专业应用库、系统运维库、文档资料库、全文检索库和缓存数据库组成；其中地理空间库包含基础地理数据、遥感影像等；工程项目库包含工程项目相关的各类信息；专题数据库则存储了人口、社会经济、气象、水文等专题数据；专业应用库为后期建设的各专业应用相关的数据库。

3. 服务接口层

服务接口层用于建立应用层与数据层之间的联系，一是将数据层的数据资源以服务接口的方式提供给应用层使用；二是建立与外部系统的集成对接关系；三是为后续建设的专业应用提供数据服务与功能接口。

4. 应用层

根据不同的功能需求，完成相应的业务功能组件，包括数据管理、数据同步、数据转换、安全管理、服务管理、运行监控、查询检索、数据浏览、项目协作、方案设计等模块。

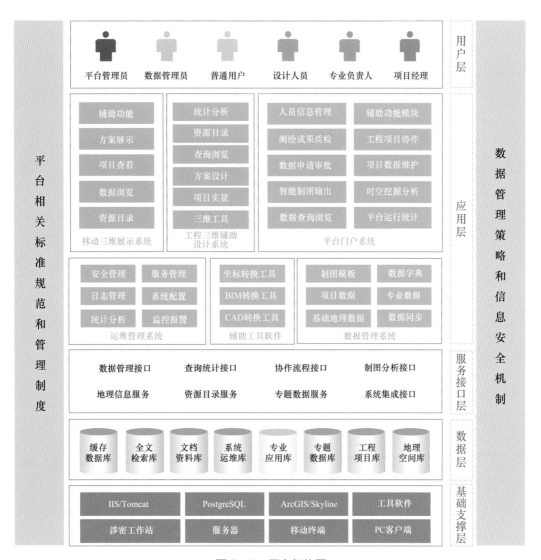

图 3-11 平台架构图

在这些基础业务组件基础上，构建不同的业务系统，包括辅助工具软件、数据管理系统、运维管理系统，以及平台门户系统、工程三维辅助设计系统和工程三维移动展示系统。

5. 用户层

主要包含了各专业负责人、各专业设计人员、普通用户、各专业数据管理员、工程项目经理、平台管理员等。平台管理人员进行系统的维护管理，各专业数据管理员负责维护本专业地理空间数据，工程项目经理组织工程项目协作，设计人员参与工程项目协作，普通用户查询、浏览各类基础地理或项目数据。

整个平台的构建依据相关标准和管理规范进行建设，并依据相应的数据管理策略和信息安全体系构建，与存储设备、存储管理软件结合，在存储设备之上建立地理空间数据库，最终集成到地理信息公共服务平台中，并对外提供访问接口。

二、重难点分析

1. 空间数据融合

空间数据融合主要涉及以下几方面内容。

（1）数据格式兼容：需整合 ArcGIS Personal Geodatabase（.mdb）数据、File Geodatabase（.gdb）数据、Shapefile 数据，以及 CAD 数据；建议通过约定平台所支持的通用数据格式，以及最低版本，在保证大多数数据都可以支持的情况下，为少量不兼容数据提供格式转换工具。

（2）数据结构兼容：不同来源的数据，其数据结构不一致，元数据结构不一致，因此需制定统一的标准规范，不符合规范的数据，应先完成转换再入库融合。

（3）坐标系整合：平台应约定统一的数据存储坐标系，其他坐标系均应转为统一坐标系后方可入库；需注意地理坐标系与投影坐标系的区别，以及地方坐标系与通用坐标系的转换，甚至工程独立坐标系与通用坐标系之间的转换；平台可提供坐标系转换工具来完成坐标系转换。

（4）多时相数据整合：平台涉及不同年份、月份的同类数据（同一区域同一主题），可通过版本管理机制，对多时相（主要是影像）数据进行版本管理。

2. 地理大数据快速渲染

空间数据量较大的时候，需要采用一些辅助技术手段实现快速渲染：

（1）要素快速渲染：采用矢量切片技术，对大量要素进行处理，以矢量切片的形式提供快速渲染服务，并同时支持查询检索功能。

（2）影像快速显示：采用创建金字塔方式，或瓦片服务方式，以提供影像显示效率。

3. 数据批量导入

数据整理入库是一个漫长、繁杂的过程，因此需提供数据批量导入功能，减轻工作人员工作量：

（1）空间数据批量导入：需注意数据文件与其元数据的一一对应，避免导入后数据无法挂接；导入前应进行数据质量检查，并记录导入过程中的错误日志。

（2）表格数据批量导入：需为各类数据制定规范的表格模板，按模板录入的数据方可支持批量导入；导入前应进行数据质量检查，并记录导入过程中的错误日志。

（3）非结构化数据批量导入：针对文档、图件和图片等数据，需注意数据文件与其元数据的一一对应，避免导入后数据无法挂接；导入前应进行数据质量检查，并记录导入过程中的错误日志。

4. 多维度权限控制

平台需从功能和数据两个维度进行权限控制，功能控制应从子系统、功能模块，细化到菜单项和按钮；数据控制包括按工程项目进行控制和按专业分类进行控制，需注意工程项目和专业交叉的情况。

三、功能实现

地理信息公共服务平台包括平台运行统计、数据查询浏览、时空挖掘分析、智能制图输出、数据申请审批、工程项目协作、成果质检、数据维护等功能模块。平台首页界面如图 3-12 所示。

图 3-12　平台首页界面

1. 数据查询浏览

数据查询浏览界面如图 3-13 ~ 图 3-15 所示。

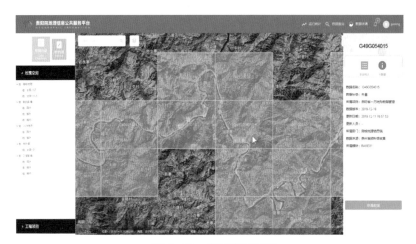

图 3-13　目录查询结果

图 3-14　上传查询范围（左侧面板为条件检索）

图 3-15　查询结果显示模式

2. 时空分析

对数据进行时间、空间、属性、相关性等多个维度的深入挖掘分析，如图3-16～图3-19所示。

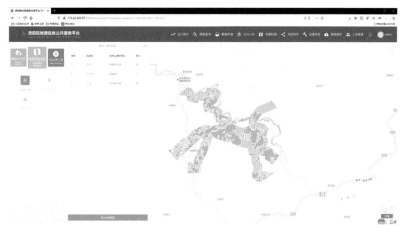

图 3-16　工程布置与基本农田冲突分析

图 3-17　属性统计计算

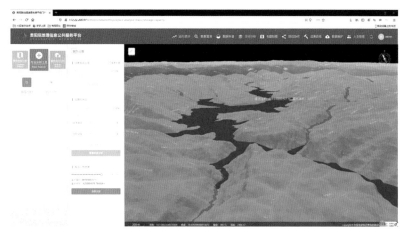

图 3-18　库容分析计算

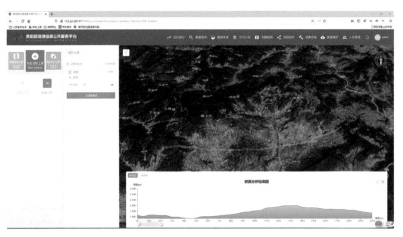

图 3-19　断面分析

3. 智能制图输出

主要提供灵活配置的动态专题地图制作模式，用户可选择查询得到的各类专题数据，或从本地加载矢量数据完成制图。

4. 数据申请审批

数据申请审批模块提供了数据申请发起、初审、审批、办结等流程处理操作，根据用户权限登录后可进行不同的操作。此外还提供了查看全部数据申请及其状态，查看数据申请详情，进行数据申请统计等，功能如图 3-20 ~ 图 3-22 所示。

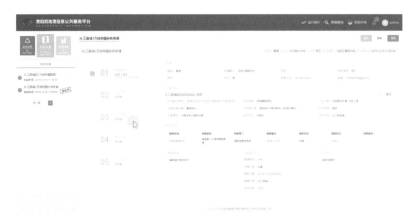

图 3-20　数据申请详情

图 3-21　审批操作

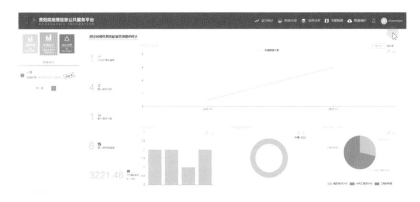

图 3-22　数据申请统计

5. 工程项目协作

工程项目协作首先要成立项目组，确定项目经理及各专业负责人和参与协作人员。其中项目经理负责管理协作流程、协作资源和协作成果，专业负责人主要对本专业的设计成果进行审核，协作参与人员主要按照流程执行本专业设计任务并提交成果，如图 3-23 ~图 3-25 所示。

图 3-23　全部协作项目

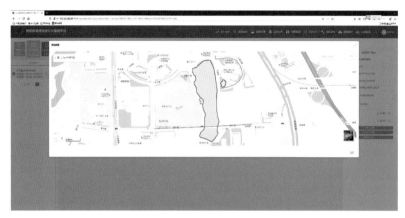

图 3-24　查看协作成果

图 3-25　成果冲突检测提醒

6.项目数据维护

项目数据维护主要面向各专业的数据管理人员，用于建立并维护本专业的工程项目信息、上传空间相关数据、管理数据边框和元数据，并可设置数据的访问权限（是否允许下载等），如图 3-26、图 3-27 所示。

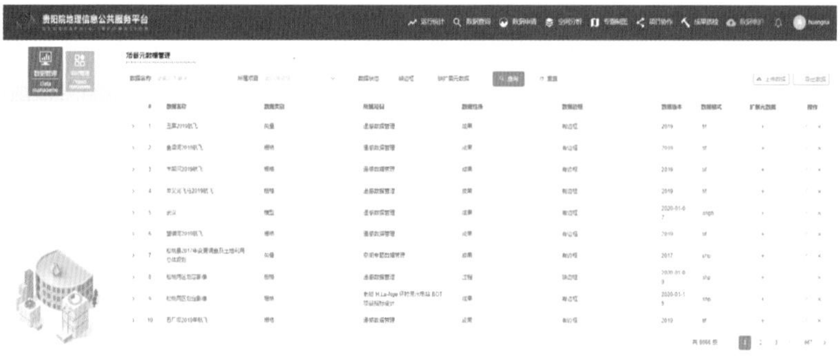

图 3-26　元数据列表

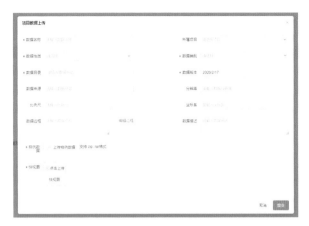

图 3-27 元数据填报

四、小结

通过地理信息公共服务平台的开发建设，实现空间数据统一管理、地理信息服务共享、项目协作流程、工程项目一张图等预期目标。对内，能够提升数据管理水平，掌握数据家底，减少重复投资，普及 GIS 应用；对外，则能够发掘数据价值，缩短设计周期，降低设计成本，提升服务质量。

1. 掌握数据家底，发掘数据价值

平台实现了空间数据统一管理，项目空间定位和实景展示。通过平台运行统计页面，可掌握到的空间数据家底，项目信息家底，方便各级领导和市场营销人员在对外交流与项目策划时作为参考，从而发掘数据价值。

2. 数据服务共享，减少重复投资

各工程项目人员可以通过平台以多种方式快速查询检索数据，并能够通过申请审批流程获得数据，因此可在项目实施过程中，避免采购已有的空间数据，从而减少重复投资。同时，平台发布了一些可用作底图或专题地图的地理空间数据服务，各专业在建设本专业应用系统时，可按需接入使用，无须另外购买数据和 GIS 平台软件，也无须专人进行数据处理、服务发布等工作，可节约大量的时间和经费。

3. 项目流程协作，避免冲突返工

在以往需要各专业协同设计的项目中，各专业分头设计，完成后汇总成果时才发现设计成果出现冲突，需要返工重新设计。此外，各专业经常采用不同的数据格式、坐标系，

导致最终的成果需要更多数据转换处理操作，或出现一定的误差。

通过平台提供的项目协作流程管理功能，统一提供项目的底图数据，并对项目成果进行在线智能冲突检测，及时提醒各专业设计人员进行核对和修正，从而避免了最终成果出现冲突并导致返工的现象。

4.破除技术门槛，拓宽应用范围

平台提供了一些常用 GIS 功能，包括工程项目常用的占地分析和指标统计、准确的库容分析、断面分析等，在保留 GIS 专业分析能力的同时，简化了用户操作。此外平台还提供了动态专题地图制作功能，用户只需进行简单的配置和选择，即可快速制作一张专题地图。

通过将这些专业分析和制图功能进行简化设计，破除了以往需要 GIS 专业技术人员才能使用的技术门槛，让 GIS 能够辅助更多人以简单高效的方式完成分析和制图，从而拓宽 GIS 应用范围。

第四章　面向工程的 GIS 三维辅助设计

第一节　工程全生命周期三维映射

一、现状背景

在工程建筑领域，特别是涉及专业衔接次数多、施工工艺要求高、碰撞检测需求大的大型工程中，利用 BIM 技术进行工程的正向三维设计得到了业内的高度认可。但大中型工程往往占地面积大、影响范围广，BIM 技术强调微观分析，缺乏尺度概念，难以从全局的视角对工程的整体影响范围进行分析，当脱离工程建筑体本身，或要将工程数字化成果移交业主融入周边或更大管理范围进行统筹管理时，需对周边多源要素进行宏观分析，则需要擅长宏观时空分析、包容多源异构数据的 GIS 技术作为支撑。

随着智慧城市的发展，以 GIS+BIM+IOT 为核心的 CIM 体系已经逐渐形成。从城市治理的角度，对物理世界的三维映射提出了越来越高的要求。衍生至工程领域，从规划、设计、施工到运维的全生命周期都对三维映射提出了要求。2022 年，各行业均相继提出"数字孪生"的概念，对现实世界的复刻以及对多源异构数据的三维映射成为数字行业研究重点。

基于以上背景，有必要研究针对工程领域、基于三维 GIS 引擎、包容多源异构数据、保留 GIS 时空数据分析能力、拓展所见即所得参数化建模方法、接纳多种 BIM 数据的技术和方法，研究在不同阶段利用不同的技术组合、不同的分析尺度、完成不同的工作使命的多源技术融合解决方案，形成一套可复用的经验和标准流程，为后期打造一套致力于服务工程全生命周期的三维映射平台体系奠定基础。

二、需求分析

为便于分析，按照"能""水""城"进行行业板块划分。"能"板块包括水电、风电、光伏发电、抽水蓄能等工程类型；"水"板块围绕水利行业，主要包含各类涉水工程；"城"板块主要包含市政、交通、城乡建设等。各板块大型工程中对 GIS+BIM 三维映射的需求经梳理如图 4-1 所示。

不难发现，虽然行业应用侧重点不同，但从数字孪生、三维映射的角度来看，总体技术支撑逻辑是一致的，只是在工程各阶段根据应用需求的不同而使用的技术组合方式存在较大差异。

三、各阶段技术要点

1. 规划设计阶段

大中型工程规划阶段，数字工程的着力点在于如何帮助专业人员快速对影响工程落地的多重因子进行加权分析，有正向因子的推动必然涉及负向因子的规避，擅长于空间分析且对上游 4D 产品天然兼容的 GIS 技术显示出了较强的优越性。

例如在大型水电水利工程的坝址比选中，在三维映射的条件下，为各专业的前期调查提供统一底图，通过 GIS 水文分析系列工具，实现区域范围内不同坝址不同坝高及淹没面的模拟、相应库容面积及库容体积的计算。利用叠加分析系列工具相应可实现淹没范围内房屋、农田、经济作物等指标的初步估算，将"生态红线""基本农田""矿产资源"等敏感因子叠加在三维映射环境中，对各种比选条件下的敏感因子干扰提供图数一致的分析结果（见图 4-2）。前期影响因子数据种类越多，三维映射系统对方案的支撑就越迅速。

仍以大型水电水利工程为例，在选址之后涉及坝型的选择，此时拥有丰富的 BIM构件库或参数化建模工具就显得十分重要（见图 4-3）。在不同的自然条件下和相应的投资要求下，快速构建各种坝体类型的三维模型、进行初步工程量估算均能有效提升规划设计工作效率和质量。

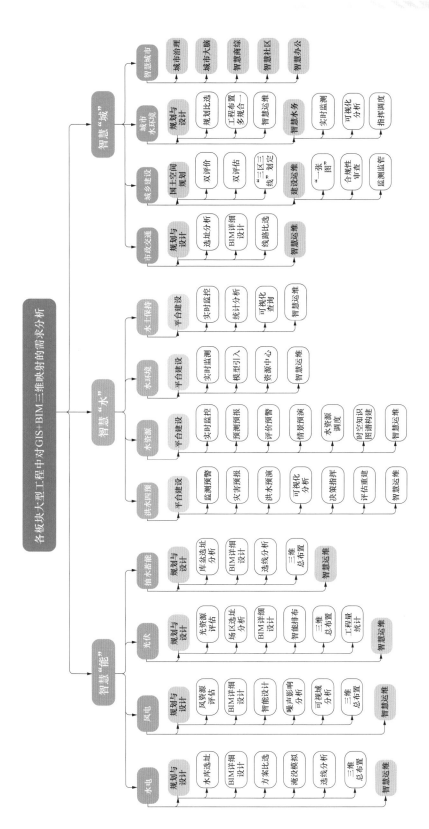

图 4-1　各板块大型工程中对 GIS+BIM 三维映射的需求分析

图 4-2　敏感因子叠加分析

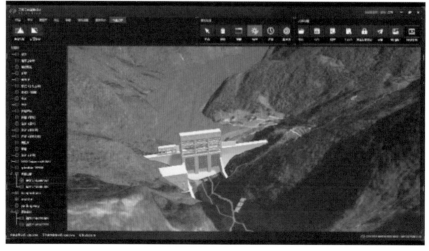

图 4-3　坝址坝型比选

此外，针对宏观条件下应实现参数化构建"路、桥、隧、边坡""管道""电力杆线"模型，类似于在三维环境下快速实现初步规划设计方案的调整，同时提升汇报展示操作的交互式体验感和受众的视觉直观感受（见图 4-4）。

图 4-4　自动道路设计

在工程规划阶段的应用中，宏观分析需求高于微观分析需求，从而决定了三维映射的重点在于时空数据的映射，即 GIS 技术的应用和延展。

2. 详细设计阶段

大中型工程详细设计阶段，数字工程的重点是辅助设计人员完成三维正向设计。以 BIM+GIS 为基础的数字工程体系于设计人员，亦如当初 CAD 诞生后让技术人员从手工绘图转向电子绘图一样。如今三维映射环境下的正向设计，即是要求设计人员将设计方式从二维图纸向三维建模转换（见图 4-5）。在建筑结构、电气工程等方面，基于 BIM 技术的正向设计是应用的重中之重。设计的核心乃是设计人员的大脑。虽然，输出成果方式的转换是对设计人员思维和习惯的双重挑战，但三维正向协同设计所能带来的优势是显著的。例如：水工专业和机电专业在各自的操作界面完成构件级别的单独建模，除了可对自己的模型进行碰撞校验外，可通过协同平台进行同专业或跨专业的联合组装、检验，从而显著提高设计成果质量，大幅减少由于传统二维图纸表达不充分导致的现场变更，从设计源头解决工程建设过程中的错漏碰缺问题。

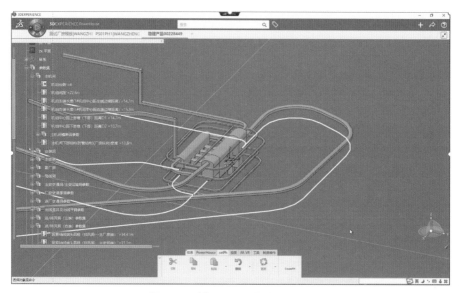

图 4-5　基于 3DE 的协同设计

　　详细设计阶段，GIS 技术主要作为辅助设计手段，提供总体容器功能，帮助多专业进行大尺度的协同、地上地下数据的整合、多时段数据的追溯和查询等（见图 4-6）。

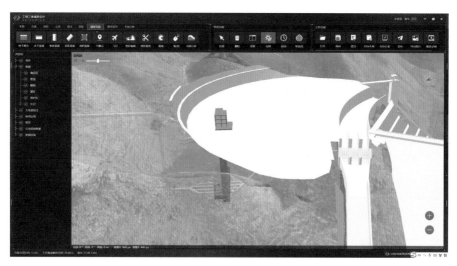

图 4-6　基于 GIS 的协同设计

3. 施工建设阶段

　　大中型工程施工建设阶段，GIS 技术为业主提供了包含基础地理框架数据、IOT 数据、BIM 数据等多源异构数据的电子沙盘，是智慧施工的数字基座，在其空间坐标体系支撑下，空，天，地一体化数据集成的智慧施工场景得以创建。

　　BIM 技术的深度应用可以辅助建设单位和施工单位实现更为精细的工程管理，有效缓解建设单位在工程建设过程中由于信息不对称导致的工作落实不到位、上传下达偏差大等问题，为建设单位提供快速高效的管理手段，为工程建设的全面把控提供技术保障。以 BIM 技术为核心的数字化技术可以帮助施工单位制定更为完备的进度计划、资金使用计划，同时还可更加高效地进行施工质量和现场安全的管理。

目前，根据已实施的大型基础设施项目实践，基于国家标准和行业标准想要实现 BIM 的全过程应用，还需针对单个项目建立 BIM 实施技术标准和 BIM 实施管理规范，从技术和管理两个层面为 BIM 实施保驾护航（见图 4-7）。在标准和规范的基础上，对整个工程进行构建级别的管控；通过在数据库中事前明确规则指导建模，事后通过构件实例数据库可实现全场模型进行精细化的设计、变更、验评、支付管理等。

图 4-7　BIM 施工管理系统

4. 运维阶段

运维阶段的三维映射技术需服务于实际运维管理，以下几点具有通用性：

（1）GIS 引擎的稳定性与开放性，决定了后期不断叠加时空数据、不断叠加业务逻辑、不断接入 IOT 设备数据的可能性；

（2）BIM 数据是否是竣工数据，决定了其后续应用的深度和广度；

（3）数字孪生平台是运维阶段各类业务数据融合的重要载体，为运维管理提供决策支撑（见图 4-8）。

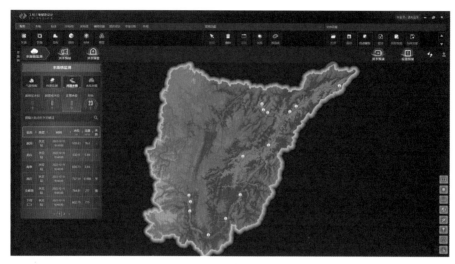

图 4-8　数字孪生平台

四、小结

　　针对不同行业板块的大中型工程，基于 GIS+BIM 的三维映射技术的侧重点虽各有不同，但底层逻辑基本一致，可在一定程度上梳理出共性需求。

　　从全生命周期的角度看，工程规划选址阶段三维映射的重点在于宏观尺度的时空分析，因此该阶段三维映射也主要围绕 GIS 技术展开，以 GIS 为核心的时空数据的丰富程度和尺度以及时空算法的选择会影响规划选址工作的质量和效率；详细设计阶段和施工阶段的三维映射关注点更多偏向于微观，因此在这个阶段研究重点围绕 BIM 技术展开，以 BIM 为核心的三维映射颗粒度、与业务逻辑及管理模式的融合深度可以对工程建设的质量和效率产生深远影响。在这一阶段中，GIS 技术主要起辅助作用，其充当的角色更倾向于一个总体容器，是对多源异构数据的总体包容；运维阶段，三维映射工作常常与前期工作相互割裂，继承性较差，从而降低了前期三维映射成果的数据价值，重复建设也无形中造成巨大的浪费，因此，如何打通三维映射成果从"建"向"营"的通路，也将是未来工程领域三维映射技术发展应该思考的重点。

<h1 style="text-align:center">第二节　工程规划选址</h1>

一、现状背景

近年来，随着空间信息技术的迅速发展，为国家对自然资源管理的精准化、标准化创造了有利条件。国家通过管理机构的整并等一系列措施，从源头开始解决多部门多套数据、管理边界不套合、资源种类相互重叠、管理职责难以细分的问题，以多源异构时空数据的整合为驱动逐步理清资源边界、权属边界、规划边界，通过全国第三次国土调查形成的全国现状地类一张图为各级国土空间规划的编制奠定了基础。新的管理模式下，各类工程建设均应与国土空间规划对接，各类工程的报审流程也必须完成相应管理红线的规避，纳入相应级别国土空间规划用地指标范围，这对原有的大中型工程规划、设计、建设等工作提出了更加严格的要求。

中共中央国务院印发的《关于建立国土空间规划体系并监督实施的若干意见》（中发〔2019〕18 号）明确指出，"国土空间规划是各类开发保护建设活动的基本依据。建立国土空间规划体系并监督实施，强化国土空间规划对各专项规划的指导约束作用。"从规划目标的角度分析，不同的工程类型按照行业主管类型的不同其应服从的专项规划亦有不同，但最终都需服从国土空间规划"一张图"的总体安排。换言之，各类工程规划选址工作除了要考虑工程科学性和经济性等可行性分析（下文简称"主动选址"），还必须考虑从区域整体的角度融入和服从国土空间规划"三区三线"的管理（下文简称"被动选址"）要求，"被动选址"分析应作为"主动选址"开展的重要辅助环节。2020 年 9 月，随着"双碳"目标的提出，一大批新能源项目应运而生，大部分新能源项目规划建设周期短，对新环境下工程选址的效率提升提出了更高的要求。

二、需求分析

从工程规划技术手段分析，过去各类工程规划受各行业底层数据不统一、上行规划各自为政的影响，存在明显的强专项规划"主动选址"，弱多规融合"被动选址"的问题，造成了大量"未批先建"或"批而未建"的历史遗留问题；近三年作为过渡时期，仍有部分工程存在已完成施工总布置，却因未及时进行"被动选址"，占用敏感限制要素过多导致项目无法落地，最终面临"流产"的问题。当下，随着第三次全国国土调查高质量现状一张图的形成及基本农田、生态红线、自然保护地等空间保护线的重新划定，工程规划选址必需将"被动选址"作为一项重点工作纳入整体工作流程。

从上行规划技术手段分析，GIS 技术是贯穿规划编制和管理的首要数字化技术手段，是国土空间规划基础数据的管理手段，是国土空间规划"双评价"的关键技术支撑，同时也是工程用地范围与各类红线碰撞分析的主要技术手段和国土空间规划实施的长效监管手段。因此，基于 GIS 空间数据要素分析进行规划评价、选址的思路及方法对工程级别的规划选址同样具备重要的参考和借鉴意义。

三、创新方法

本书以抽水蓄能电站规划选址为例，通过"主动选址""被动选址"两个方面结合三维映射技术探讨一种新的技术方法，助力提高选址效率。抽水蓄能电站是利用电力负荷低谷时的多余电能抽水至上水库，在电力负荷高峰期再放水至下水库发电的水电站，又称蓄能式水电站。它可将电网负荷低时的多余电能，转变为电网高峰时期的高价值电能，还适于调频、调相，稳定电力系统的频率和电压，且宜为事故备用，还可提高系统中火电站和核电站的效率。抽水蓄能电站是电力系统中最可靠、最经济、寿命周期长、容量大、技术最成熟的储能装置，是新能源发展的重要组成部分。以抽水蓄能电站工程选址为例进行研究既具有重要的现实意义，也对其他能源电力工程规划选址有着重要的参考意义。

在上一轮省级抽水蓄能总体规划方案中，已从能源供需平衡等方面提出了一个省级的建设需求总量，也在市、区县等层面提出了一个具备一定可行性的选址方案。从方向和目标层面为下一步工作指明了方向。但具体到每个区县级层面，原有推荐方案并不一定是最优方案。因此，在该尺度分析的需求下，还需重新在全区 / 县域范围内对工程选址进行全面筛查，具体方法如下。

（一）兼顾"被动选址"的基础资料收集和整理

根据抽水蓄能电站工程特性，基础资料除收集分析对象范围（全区或全县）内地理信息基础框架相关数据外，应重点收集区域内的最新"国土三调成果""生态红线划定成果""基本农田划定成果""公益林数据""矿权数据"等法定空间数据，以支撑实现"被动选址"。资料收集遵循权威性、时效性、完整性、准确性等原则，应保证所收集数据空间属性的完备、坐标体系的一致。根据目标区域地形数据精度情况的不同，将研究尺度进行初步划分，主要采用中小比例尺数据（此处以 1∶5000、1∶10000 比例尺地形数据为中比例尺数据，比例尺小于 1∶10000 的地形数据为小比例尺数据）。针对两种比例尺所适用的选址技术方法略有不同，选址结果的精度差距也较大。

基础资料收集和整理技术路线如图 4-9 所示。

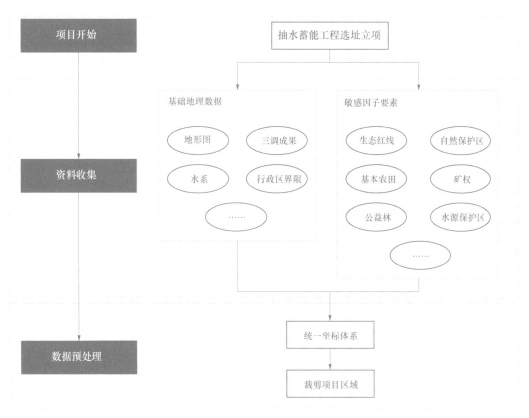

图 4-9 基础资料收集和整理技术路线图

通过充分收集和整理已有数据，能为后期的"主动选址"工作奠定基础，有效防止返工，提高项目的可行性和落地性。

（二）以"主动选址"为目标的空间分析模型构建

1. 抽水蓄能电站选址范围

我国地域辽阔，地形复杂，存在很多天然形成的洼地、盆地等较适合作为抽水蓄能电站建设的地形。随着全球对抽水蓄能电站的开发建设，现有水源地适合建设抽水蓄能的资源日益减少。其他山地形成的洼地、盆地等可通过人工注水形成水库的区域将逐渐成为建设抽水蓄能电站的主要资源。因此，抽水蓄能电站选址筛选对象主要是符合抽水蓄能电站上下库盆选址要求的天然洼地、小盆地等，以及其相互之间有可能的上下库匹配。

根据天然洼地、小盆地特征，除通过空间分析自动提取的"洼地"作为筛选对象外，另一种是在大尺度下为山谷、小尺度下是被山脚围绕的小平地，即符合"被地表高处包围的平坦区域"的认定的区域同样应被纳入筛选范围。

根据抽水蓄能上下库之间或上库和水系之间的关系，根据经验值判定，将其高程差划定在 h_1（最小高差）至 h_2（最大高差）之间，水平距离控制在 s_1（最小水平距离）到 s_2（最大水平距离）之间。

2. 抽水蓄能电站库盆空间选址筛选方法

共找出两种空间数据分析方法进行自动筛选。

筛选方法一："洼地自动识别"，首先对地面 DEM 进行填挖分析（即生成洼地模型），再提取洼地区域模型。通过 GRASS GIS、GDAL 软件工具库完成该分析任务：调用 r.fill.dir 工具库生成无洼地 DEM、调用 r.mapcalc 工具库提取洼地区域、调用 gdal_polygonize.py 工具库矢量化洼地。

筛选方法二："被地表高处包围的平坦区域识别"（下文简称"地形识别"），调用 GRASS GIS 的 r.geomorphon 工具库，参数化分析计算进行地形识别，得到一种可能符合库盆选址的洼地。通过设定两种大小不等的搜索半径可以得到不同尺度下的地形分类结果，依据设定的参数，将目标区域地形特征在大尺度下地形归纳为山谷，小尺度下的地形归纳为平地，对这两种地形筛选的结果取公共区域即可以大致得到符合预期地形特征的地形识别结果。

自动筛选完成后，进行库盆之间或库盆与水系之间" $h_1 \leqslant$ 高程差 $\leqslant h_2$ "且" $s_1 \leqslant$ 距离 $\leqslant s_2$ "条件关系判定。提取库盆模型底面几何中心点，对库盆底面几何中心点进行高程采样并依据从大到小的顺序排序，遍历每个库盆底面几何中心点与高程小于其自身的库盆中心点并进行条件关系判断。针对水系，则需栅格化处理并建立缓冲区，构建 KD-Tree，再执行同上的空间分析。

3.抽水蓄能电站库盆空间选址技术路线

基于空间分析，通过图 4-10 的技术流程，可快速获得整个大区域范围内所有符合上下库盆选址要求的集合，选址的工作效率成倍提升，既避免了人工筛选的条件遗漏或选址遗漏，又提升了筛选结果的科学性和合理性。

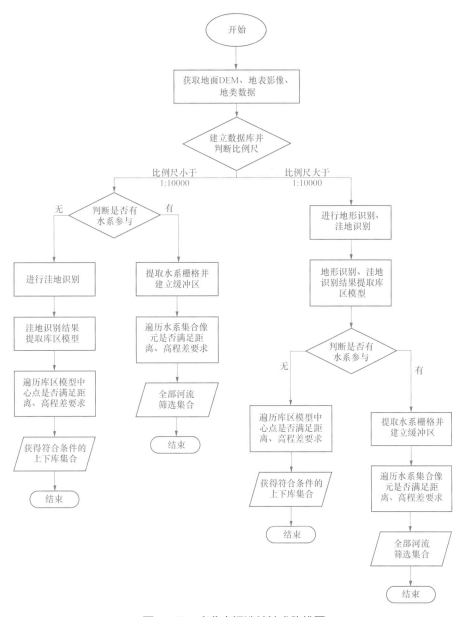

图 4-10 库盆空间选址技术路线图

在获取"主动选址"初步筛选的集合后，将"集合"空间数据叠加至已整理好的"敏感要素"空间数据集中，进行"被动选址"，根据不同敏感因子的管理特征，将完全不能使用的区域删除，由此得到一个既保证分析全面又数量有限的结果集合，为最终选出最优方案奠定基础。

（三）基于三维映射的筛选辅助

在抽水蓄能电站的选址中，上下库址之间的关系尤其看重 Z 方向的关系和变化，因此在分析过程中，基于三维映射技术更加直观反映分析所关注的重点，且各类空间数据以及空间分析结果数据集均天然与 GIS 三维引擎相兼容（见图 4-11）。

图 4-11　筛选三维映射场景

基于初筛结果数据集在筛选工作中，技术人员还需快速计算天然库盆的库容量、淹没面积等，在三维 GIS 引擎的支撑下，可调用的水文计算工具库丰富，相应计算模型成熟，计算结果呈现直观明了（见图 4-12）。

此外，在输电线路、输水管道等这一类线性工程的选线及布置上，基于三维映射环境，同样能基于"主动选址"和"被动选址"的双向思维，更直观地进行杆、塔、线的布置，通过对杆塔的定制选型、输电线路弧垂系数的参数化设置，可大幅提升工程量估算的准确度与效率（见图 4-13），同时在前期完成对限制性因素的规避，有效保障工程落地。

图 4-12　天然库盆库容量及面积计算结果

图 4-13　输电线路选线及布置

四、小结

本节以抽水蓄能电站工程的选址为例，从"主动选址"和"被动选址"两种规划选址的思路着手，分别介绍了在不同的规划选址原则指引下，以三维 GIS 技术为核心的时空分析方法论、关键技术点以及技术路线等。这一套解决方案已成功运用在多个抽水蓄能项目的规划选址中，大幅度地缩短了选址的工作时间，还减少了纯人工选址的错漏比，将规划设计人员从繁琐的选址工作中解放出来，在短时间内完成了多个整县域甚至整市域范围内的库盆筛选工作，创造了较高的社会经济效益。

在新时代背景下，针对各种大中型基础设施工程，基于三维 GIS 技术的时空分析方法为"主动选址"和"被动选址"均提供了新的思路，能有效提升选址质量和效率，对选址过程、选址结果提供了所见即所得的孪生场景。未来伴随着本方法在更多类型工程规划选址方面进行定制化的应用探索，将形成完整的技术理论体系和应用生态体系。

第三节　BIM 数据与 GIS 融合

一、现状背景

在工程领域，随着 BIM 技术在设计、施工过程中深入应用，BIM 的应用在深度和广度上均有了较大的延展。通过轻量化的技术对来自于设计单位、施工单位、监理单位等各方模型进行集成整合、碰撞互校的方式，开创了一种全新的提质增效的工程管理模式，已得到业界的广泛认可。但在实际应用中，BIM 数据虽实现了快速的集成却仍不具备空间属性，在交付后无法实现按距离、按空间范围等对模型进行查询和分析，无法与更大的地理空间要素进行叠加分析。在运维阶段，很多基础设施工程均涉及针对时间和空间范围的影响和计算，极大地限制了高精度 BIM 数据的后续应用和生命力。因此 BIM 数据要实现长效应用与可持续发展必须与 GIS 实现真正的融合。随着 CIM 概念的提出，BIM 与 GIS 的融合成为业界共识。唯有在统一的空间参考系下，将研究尺度从微观扩展至宏观，将研究对象从单体构筑物拓展到区域及城市地上与地下空间，才能实现数据价值的最大化。

二、需求分析

BIM 与 GIS 之间并非替代关系，而是更倾向于一种互补关系，这也是 BIM 与 GIS 需要融合的主要原因。GIS 的出现为城市的智慧化发展奠定了基础，BIM 模型附着了工程构筑物、城市建筑物各个部件的详细信息，两者的结合则创建了一个附着了大量信息的大型工程或者城市虚拟数字孪生统一场景，而这正是智慧工程和智慧城市的基础。总体来说，BIM 用于整合和管理构筑物本身所有阶段信息，GIS 则是整合及管理构筑物外部所有环境信息。把微观领域的 BIM 信息和宏观领域的 GIS 信息进行交换和结合，对实现数字孪生工程或者城市发挥不可替代的作用。在融合过程中 BIM 模型转换的主要目标如下：

（1）提升 BIM 模型易用性：脱离专业的 BIM/3D 建模软件，可由非专业人员在 PC端、手机、移动设备、展厅大屏等设备上方便查看使用。

（2）增强 BIM 模型交互性：将 BIM 模型集成于各类 BIM 应用系统，涵盖设计协同、施工建造、智慧运维、项目监管等业务领域，还可以实现跨专业、跨行业的融合应用，将不同格式、不同专业的 BIM 模型进行集成，实现 BIM 模型与 GIS 数据的集成应用。

（3）降低 BIM 数据体量，拓展应用场景：在满足使用需求的情况下，去除冗余数据，通过技术处理，让 BIM 数据的传输更快捷、渲染更快速流畅、效果更美观、数据管理更方便，便于 Web 端和移动端的应用。

GIS 平台在三维方向的稳定程度、开放程度、包容性等也会极大影响融合效果。

三、重难点分析

由于工程模型设计的复杂性、多元性，BIM 软件层出不穷，现阶段市面主流 BIM设计软件包括 Autodesk 旗下的 Revit、达索系统公司开发的 Catia 和 Bentley 公司推出的Bentley 等，各个平台所采用的数据结构、数据组织方法、数据存储方式和数据表现形式各不相同，且各平台间建模时坐标系定义差异较大，导致 BIM 数据在与 GIS 融合时，虽然已有通过 IFC 向 CityGML 转换的通用方法，但仍然存在格式不兼容、模型属性和模型细节丢失、坐标不匹配、模型融合难等问题。基于商业合作，部分 BIM 厂商与 GIS厂商之间从底层完成数据融合，但针对多源 BIM 数据与通用 GIS 平台的融合依然难以实现。

（一）通用的交换协议直接转换导致数据、材质丢失等问题

目前主流 GIS 平台支持的通用 BIM 格式包括 *.3ds、*.dae、*.xpl2 等格式，由于各平台建模的底层逻辑和渲染机制的差异性，模型在导入 GIS 平台时，通常需要借助第三

方软件或插件进行转换，转换后的 BIM 数据主体在结构及渲染上表现出多种差异。

1. 模型构件部分缺失，模型结构整体性遭到破坏

Catia 的优势在于可参数化构建复杂的曲面，如各类大坝坝体结构，电站厂房的详细设计等，该类模型通过第三方软件导出时往往由于模型曲面过于复杂和精细使得模型数据量较大或者模型面片数量过多，导致转换后模型存在不同程度结构丢失或表达异常。Revit 模型在转换过程中也会遇到同类问题，Revit 模型以族为基础，通过约束创建参数模型在导出时存在结构丢失。图 4-14 所示为 Catia 模型，原始大坝坝体结构为连续不规则梯级体，转换后坝体明显缺失部分结构；图 4-15 所示为 Revit 模型，原始建筑模型窗户和楼板之间的墙体结构完整，转换后墙体丢失。

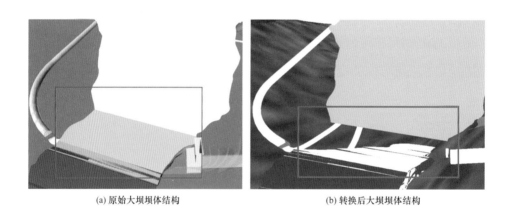

(a) 原始大坝坝体结构   (b) 转换后大坝坝体结构

图 4-14　Catia 模型转换时缺失结构示例图

(a) 原始建筑模型   (b) 转换后建筑模型

图 4-15　Revit 模型转换时缺失墙体示例图

2. 模型渲染机制存在差异，渲染表达效果存在不一致性

在 Catia 平台中通过赋色或者纹理映射对模型进行可视化渲染，但因纹理为平台内部贴图模式，在转换后纹理缺失且色彩渲染也在不同平台间存在色差，模型颜色或深或浅，或直接渲染为灰色。在 Revit 平台中，三维模型的渲染方式包括线框、隐藏线、着色、一致的颜色、真实模式、光线追踪模式等，每种模式根据光源、角度的影响对其颜色和材质进行不同的渲染显示。模型转换后色彩基本与"着色"模式保持一致，但原始贴图纹理丢失，色彩也因不同的平台渲染存在部分差异（见图 4-16 和图 4-17）。

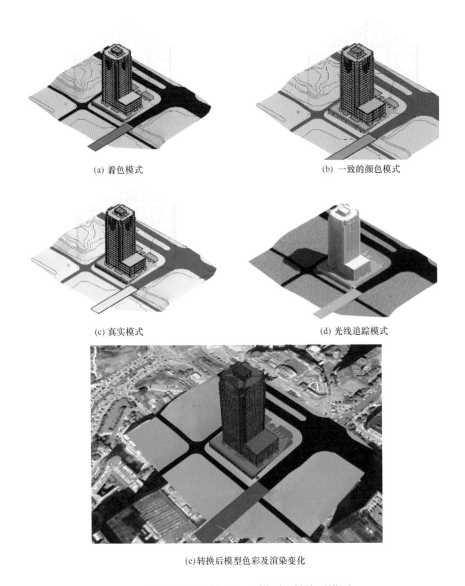

(a) 着色模式　　　　　　　　　　　　　(b) 一致的颜色模式

(c) 真实模式　　　　　　　　　　　　　(d) 光线追踪模式

(e) 转换后模型色彩及渲染变化

图 4-16　原始 Revit 模型及转换后模型

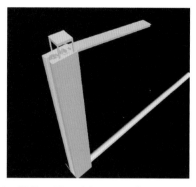

图 4-17   原始 Catia 模型及转换后模型（色彩丢失）

3. 模型属性丢失，模型缺少重要信息

由于 Catia 模型数据结构相对封闭，其属性与模型对应关系未公开且较为复杂，目前模型转换需要通过中间软件及插件进行多次数据转换，而且输出的模型仅实现模型图形的单向映射匹配，属性不能自动链接输出，使得属性与图形不能保持相关联的双向映射关系。

（二）BIM 数据转换后没有空间概念，无法参与空间分析

由于 BIM 平台采用的均为相对坐标系，与真实地理空间坐标系统不一致，虽然在建模过程中会设置某一点与真实坐标对应，但坐标原点的设置仅是为便于建模实施，在通过第三方软件转换后，模型往往比例失衡，其与真实比例可能存在缩放关系，导致 BIM 数据无法自动导入至正确空间位置，模型大小与实际大小也存在差异，往往需要人工判读，手动拖拽，效率低下且准确度不高（见图 4-18）。

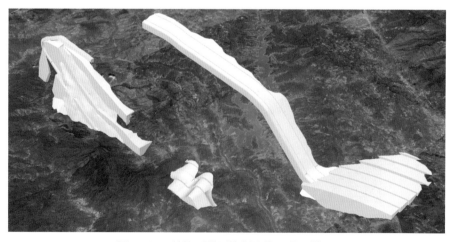

图 4-18   转换后模型比例失衡及位置错误

有些 BIM 平台在进行模型构建时不考虑法线方向，但模型转换输出后在其他平台中则会出现法线相反导致某些模型面仅能从反面才能查看，针对这种情况，需在第三方平台中对模型进行二次编辑，翻转该模型面法线后重新输出，整个过程就需要人工干预，并非完全自动化，且使得转换操作更加复杂（见图 4-19）。

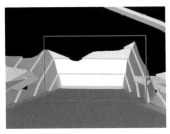
(a) 原始边坡存在

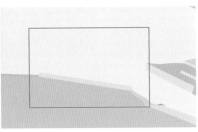
(b) 转换后边坡正面消失

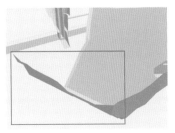
(c) 转换后反面可查看边坡

图 4-19　存在相反法线的模型面

此外，BIM 数据在转换后通常已构成一个模型整体，丢失原始 BIM 的结构层次信息。如在构建大坝施工总布置模型时分为大坝、厂房、交通、地质、机电等多专业多层次模型，但转换后模型整体输出，不能就单专业模型进行结构查看和相关空间分析与查询。

（三）BIM 数据与 GIS 数据融合时边界套合效率低且效果不佳等问题

BIM 数据表达的是工程建成之后的形态，GIS 数据表达现状未建地表下垫面的形态，而实际工程中必然存在挖填土方的过程，也存在大量地表下垫面形态重构的情况，因此，BIM 数据进入 GIS 平台后，两种数据交叉并存，不符合应用需求。按照常规需对 GIS 数据进行手动修边、压平等工作，费时费力，效果也不尽如人意（见图 4-20）。

(a) 原始 BIM 数据与 GIS 数据

(b) BIM 数据与 GIS 数据交叉部分

图 4-20　BIM 数据与 GIS 数据融合处理（一）

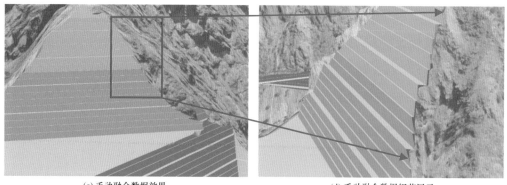

(c) 手动融合数据效果　　　　　　　　　　(d) 手动融合数据细节展示

图 4-20　BIM 数据与 GIS 数据融合处理（二）

（四）BIM 数据模型体量过大，信息量指数级增长且杂乱

BIM 是一个模型与信息的集合体，表现为模型大、种类多，包括建筑、结构、暖通、给排水、地质、设备等全专业模型；同时数据信息量庞大且复杂，包含项目全生命周期应用过程中的几何信息以及非几何信息等。所有的数据直接进入 GIS 平台，会给平台带来极大的负载压力，其时间序列难以继承，多时序数据的无序叠加反而降低了数据的利用价值。

四、关键技术

从 BIM、GIS 的定义及实际内容来看，应该是在 GIS 环境中融合 BIM 模型。一种可行的方法是将 BIM 模型转换成与 GIS 数据标准兼容的格式，在统一场景中显示 BIM 和 GIS 信息。本节主要选取 BIM 与 GIS 融合流程与自动融合镶嵌插件研发这一技术路线来研究 BIM 与 GIS 融合，下面将以 Revit 模型为例阐述 BIM 与 GIS 融合的技术流程。

1.BIM 模型轻量化

BIM 轻量化通常被狭义地理解为只是把 BIM/3D 模型变轻，数据量减少。BIM 轻量化技术的本质是在不改变模型与数据文件结构属性基础上，通过先进算法将模型数据几何信息以及非几何信息重构，缩小 BIM 模型体量，精简数据，提取完整属性数据，让模型显示快，数据便于提取使用。BIM 转化就是在满足信息无损、模型精度、使用功能等要求的前提下，利用模型实体面片化技术、信息云端化技术、逻辑简化技术等手段，实现模型在几何实体、承载信息、构建逻辑等方面的精简、转换、缩减的过程。

2.BIM 格式转换

BIM 轻量化成果需要在 GIS 场景中使用，转化后的数据格式必须与 GIS 环境兼容。为了增强数据通用性、互操作性，可以选用国内外行业通用的数据标准格式。

GIS 领域最大的开源标准制定联盟是 OGC（Open Geospatial Consortium）国际标准组织，它制定了一系列数据和服务标准，GIS 厂商按照这些标准进行开发可保证空间数据的互操作性。OGC 在 Web 3D 方向上的国际标准格式有 3DTiles 和 I3S。I3S 标准规范由 Esri 发起，3DTiles 是一种社区标准，并且有一个开放源代码的 WebGIS 框架 Cesium，用于实现三维数据共享、可视化、融合，与大量异构 3D 内容交互比较方便。

3DTiles 是针对三维地理空间数据，如摄影测量、三维建筑、CAD、实例化要素、点云等进行流处理和渲染而开发的数据格式，它基于可渲染的层级数据结构和瓦片格式集。由于 3D 瓦片并没有一个明确的数据可视化规则，客户端可根据需要自行定义可视化内容。

3DTiles 是一种三维模式瓦片数据结构，它将海量的三维数据用分块、分层的形式组织起来，很大程度上减轻了浏览器的负担，此外还提供了细节层次的 LOD（Levels of Detail 多细节层次）功能，在远观时，降低模型的面数和精度，拉近后再加载细节，大大增强了页面的加载速度，更可以用于跨桌面使用，使得 Web 端和移动 App 应用程序实现共享。

3DTiles 瓦片的索引坐标是用来唯一标识瓦片的一个整数元组，四叉树分割的隐式瓦片使用（$level, x, y$），八叉树则用（$level, x, y, z$），所有的瓦片索引坐标均从 0 开始。$level$ 是 0 时代表隐式根瓦片，1 则是第 1 级子瓦片，以此类推，x、y 和 z 索引坐标则精准定位了该级别的瓦片，如图 4-21 所示。

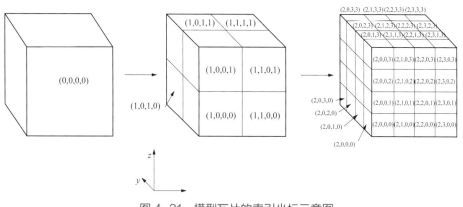

图 4-21　模型瓦片的索引坐标示意图

　　Revit 建模软件中的 BIM 模型是完全参数化表达的，可以实现模型无级缩放、部件精细化表达；GIS 环境是针对真实世界的宏观表达。轻量化过程中需要将参数化模型按照一定的精细尺度转化为面数合适的体块模型。由于结构复杂或者体块面数超限会造成某些模型部件丢失，需后期渲染前人工补充。

　　BIM 模型材质、颜色是参数化的，转化成果中主要是将部件材质和颜色转为体块模型的贴图纹理，针对不同渲染，同样的材质、颜色表达不一致，出现模型材质纹理丢失，需要预先适配 Revit 和渲染环境的材质颜色对照关系。对特定材质，还需要预先制作对应的纹理贴图（见图 4-22）。

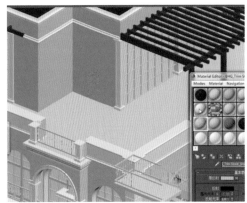

图 4-22　BIM 数据材质贴图

3. 模型空间匹配

　　建模软件中模型的基准锚点与空间位置匹配不准问题，先将笛卡尔坐标系的模型锚点坐标转化为地理投影直角坐标，同时进行比例尺适配，再将地理投影坐标中的对象转化为世界椭球坐标系下的模型对象。

　　BIM 建模软件通常是使用自由基点的笛卡尔正交坐标系，度量单位通常为"毫米"。而 GIS 环境中为基于统一参考椭球体的地心坐标系，度量单位通常为"米"。轻量化转化的过程中就需要通过尺度转化、角度转化、坐标系转化来实现 BIM 模型在 GIS 环境场景中的空间坐标定位（见图 4-23）。

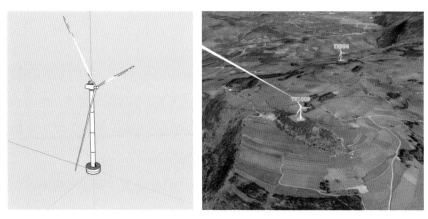

图 4-23 BIM 模型空间定位

4. 模型与地形融合

自动识别 BIM 数据的地表出露部分的边界，与 GIS 地形数据实现镶嵌。针对 BIM 转化成果中含有地表以前隐蔽工程的情况，模型再渲染时需要自动将地下隐蔽模型显示。先获得模型外包络体与 GIS 中的地形表面形成的相交切割面，该切面为一个连续的空间面。计算该切面与转化以后体块模型上相交面的节点，所有节点围合成一个新的空间面，该空间面即为模型与地形的实际相交面。对地形在实际相交面范围内做裁切、挖空透明处理，即可解决地形遮挡 BIM 模型地形下隐蔽工程部分的问题。

5. 插件研发

基于模型设计软件定制研发数据导出插件：Revit 的二次开发官方提供的 SDK 为 .NET 框架语言，而在生成 3DTiles 数据的过程中需要用到大量 C++ 的开源库，所以存在开发语言之间的跨越问题，这里用文件数据库作为中间过渡方式，选用了比较文本标记语言 xml 格式。主要步骤如图 4-24 所示。

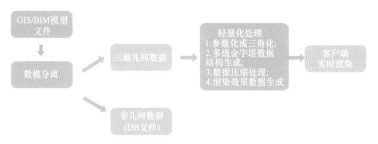

图 4-24 Revit 模型与 GIS 融合流程图

五、小结

本节基于三维地图引擎提出了一种通过服务器端将 Revit 模型自动构建为 3D Tiles 模型，自动实现地理定位及多端共享的方法，完成了 Revit 数据与通用 GIS 平台的融合，通过搭建转换服务器，实现 Revit 的轻量化与快速转换，融合效果良好，为 BIM 数据与 GIS 平台融合提供了新的思路。但研究还存在局限性：

（1）BIM 数据来源可以更多源，技术融合的目标是为了解决"多对多"的问题，即多源 BIM 向通用 GIS 的融合，本研究只解决了"一对多"的问题，即 Revit 数据与通用 GIS 平台融合的问题。

（2）选择 3DTiles 作为 BIM 与 GIS 的连接器，经论证其具有很好的兼容性，后续可进行更多 BIM 数据向 3DTiles 的转换可行性研究验证。

（3）模型处理过程中没有完全达到全自动化处理，未来可进一步探究，实现多源异构数据的全自动处理融合。

第四节　基于参数化建模的三维辅助设计

一、现状背景

在传统的大型工程三维环境重构过程中，常见方法是在专业的 BIM 建模软件中进行模型构建，再通过一系列转换将成果导入三维 GIS 系统，实现 BIM 模型与地形、地貌的融合。但在实际工作中，往往在项目策划阶段或投标展示阶段就需要快速的完成初步方案的布设，没有时间在 BIM 软件中完成精细化建模；又或是像道路、管道、输电线路等线性工程以及光伏发电、风电这类可复制性较强的点状工程、面状工程，涉及区域广，难以利用 BIM 软件进行全域范围的建模，需要一种更为简单便捷的方式完成三维 GIS 环境下的工程建模，这种模型必须可视化效果好且允许实时调整。

基于三维 GIS 引擎的参数化建模方法应运而生，该方法根据工程设计参数进行建模，支持整体和局部工程的可视化以及相应工程量估算，是对 GIS+BIM 体系在工程领域应用的有益补充，有效增强了三维 GIS 平台在工程设计中的辅助能力。

二、技术路线

参数化建模是将三维模型中不同的几何特征通过合理的方式抽象出来，将其转换为变量参数，通过控制各参数的值以实现模型大小、形状的变化并实现可视化的过程。

三维 GIS 系统中的参数化建模，除了考虑模型的拓扑结构与组件间特征参数外，需要充分结合地理参数进行建模设计，自动分析地理参数对施工过程的影响，减少设计工作量的同时可视化展示地形与模型之间的关系，局部模型不满足施工实际情况时，可以修改局部模型参数或替换局部模型，提升工作灵活性。

基于三维 GIS 系统参数化建模可以分为准备阶段、地理空间参数设计、草图设计、特征参数设计、算法生成、局部精细化调整、成果输出等七个阶段，总体技术路线如图 4-25 所示。

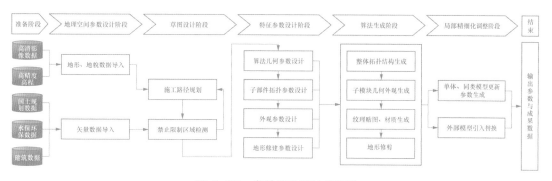

图 4-25　参数化建模技术路线

三、关键技术

下文基于三维 GIS 系统道路设计详细阐述参数化建模的关键技术。

（一）地理空间参数设计

在参数化建模过程中，地理环境是影响建模结果的重要因素。由于地理因素种类繁多，需要对项目建设进行充分调研和评估，根据影响的重要级别从这些信息中提取主要因素，作为参数化建模过程中的地理空间参数，地理空间参数直接影响整个建模过程。

在道路设计中，地理空间参数主要考虑地形地貌、建筑物、水保环保、国土空间规划等影响因素。

在建模开始之前，需要搜集项目区域最新的地理空间数据资料。地形地貌资料通常是高清影像、数字高程模型、电子地图等数据，建筑物数据通常以矢量、3DTiles、矢量瓦片、电子地图、倾斜摄影模型等形式存在，这些数据在三维 GIS 系统中叠加展示，直观真实地重现当前区域的地理实景及周边环境。环保区域数据、国土空间规划数据导入三维 GIS 系统中，按照专题图样式可视化展示，设计过程中需要考虑施工对保护区域的影响，根据不同影响的级别，在系统中自动区分适宜建设区域、限制建设区、禁止建设区，辅助建模设计过程。

（二）草图设计

参数化建模中草图设计可以进行尺寸驱动，通过对草图对象添加约束方式或者约束值的修改可以改变设计参数，从而改变对象特征。通过对草图上创建的截面曲线进行拉伸、旋转和扫描等操作生成参数化实体模型，从而可以提取模型中的截面曲线的参数和拉伸参数来实现整个模型的尺寸驱动，在工业设计中的草图设计通常是在二维平面上完成。而地理空间中进行草图设计，是在三维空间中设计草图的过程，除了二维空间中的参数外，还需要考虑地形地貌在高度方向上的影响，需要完成地形的检测结合工程量等各种因素给出最优解，在草图设计阶段需要对规划路线上的各类功能区进行检测，并在草图上标注出各个施工区域的检测结果状态。

道路设计至少包含了道路走向、桥梁、桥墩、隧道、边坡等部件的设计，道路草图设计阶段主要完成道路走向设计以及道路途径区域的合理性检测，首先规划道路走向线路，通过增加、删除、修改道路关键点的方式完成道路初步走向设计。

道路建设合理性检测主要完成道路施工路段上禁限施工区域的检测。在道路规划路线上，针对水保环保区域、国土空间规划区域、建筑区域等数据进行计算分析，在草图路线上给出警告和提示，辅助设计人员通过算法自动避让或者交互方式修正规划路线。

（三）特征参数设计

参数化建模中特征参数的设计决定了最终成果的质量，建模过程中根据拓扑关系和对象特征将参数充分拆解，形成详细的建模设计参数，参数设计是对生成算法驱动参数的设计与约束。道路设计主要完成路面、桥梁、桥墩、隧道、边坡等部件的设计，不同的部件根据拓扑结构又可以拆解更细节的子部件，各个部件都包含纹理材质、几何外观参数、起始终止位置等通用参数，道路模块参数拆解如图 4-26 所示。道路参数类型主要分为路面参数、桥梁参数、隧道参数、边坡参数等。

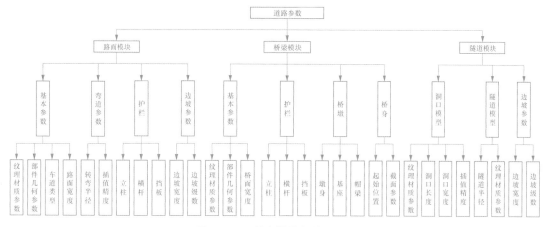

图 4-26　道路模块参数拆解图

1. 路面参数

路面生成参数交互式对每个道路规划点进行参数设置，需要设置车道类型、路面宽度、路面纹理材质、插值分辨率、护栏类型、转弯半径等参数。

2. 桥梁参数

桥梁参数分为桥墩、护栏、桥身等部件，对每个规划点分别进行参数设置，需要设置桥墩类型、桥墩纹理、桥墩底座、插值分辨率、护栏类型、桥面类型等参数。

3. 隧道参数

隧道参数需要设置边坡级别、隧道半径、隧道类型、隧道纹理、开挖门限、插值分辨率等参数，这些参数用于实现隧道的参数化自动生成。

4. 边坡参数

边坡参数需要设置边坡级别、边坡距离、边坡材质、插值分辨率等参数。

（四）算法生成

通过此前一系列的道路参数设计，需要对应的算法将这些参数有机结合起来，生成一条连续美观的道路。道路部件生成之前，根据地形地貌特征将道路规划点划分为道路、桥梁、隧道等部分，各个部件再根据对应算法生成。本文将重点阐述路面生成算法及边坡生成算法。

1. 坐标系说明

生成算法基于三维地理信息系统完成，在这个系统中，基于不同观察空间可以将坐标系分为地心坐标系、地理坐标系、局部坐标系；地心坐标系是以地球中心为原点，单位为米的笛卡尔坐标系；地理坐标是极坐标系以经度、维度、海拔表示，球体采用 WGS84 球体参数，旋转姿态采用东北天表示，本文中的向量运算遵循右手定则；局部坐标系，是以某个地理坐标点为参考，将其余地理坐标点投影到该点的坐标空间，本地坐标遵循右手定则，按照人物建模 T-Pose 坐标系，人物的右手为 x 轴，正面朝向 y 轴，头顶方向为 z 轴。

多数情况下，路面的正面与地球在该点的法线方向相同或共面，这个面垂直于该点切面且法线为 x 轴，路面坡度不能大于 $90°$；在转弯处，不符合这种情况。

2. 连续路面生成算法

连续路面生成算法需要考虑道路的连续性，尤其在坡道、转弯等部位的生成；由于每个规划点的参数都相对独立，算法必须是局部独立的，即路面生成仅需考虑前后两个规划点的情况下，就能完成算法生成；否则会打破之前设计的成果，并且耗费较多的生成时间与空间成本。

（1）弯道路面坐标生成。

在三维场景中，道路设计中常常会遇到弯道具有高低差、转弯弧度大等情况，这些转弯大致可分为水平地面转弯 [如图 4-27（a）所示]、上下坡道转弯 [如图 4-27（b）所示]、高低差折叠坡道 [如图 4-27（c）所示]，本文提出一种曲线插值的算法完成弯道生成。

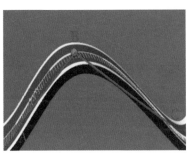

(a) 水平地面转弯　　　　　　(b) 上下坡道转弯　　　　　　(c) 高低差折叠坡道

图 4-27　弯道示意图

　　计算弯道时，需要计算点前后两个点辅助计算，总共三个点；按顺序分别记作 A、B、C 点；将点投影到 B 点作为参考点的局部坐标空间中。

　　本算法为对称算法，道路两侧采用相同的算法生成，以道路左侧算法为例，算法流程如图 4-28 所示。

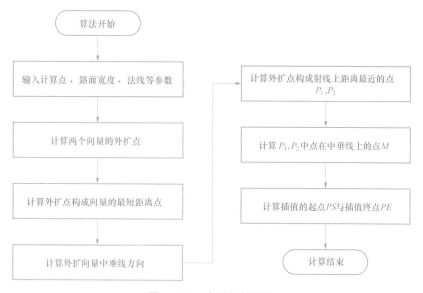

图 4-28　弯道插值算法

生成弯道的伪代码如下：

___

功能：弯道插值算法实现

___

输入：连续的 3 个规划点 A、B、C，路面宽度 W，法线 N

输出：插值起点 PS，插值终点 PE

BEGIN

1: Vab ← B−A; /* 计算 A、B 对应的向量 */

2: Vbc ← C−B; /* 计算 B、C 对应的向量 */

3: V0 ← normal(cross_proudct(Vab,N))*W; /* 计算 AB 向量垂直向量，长度为 W*/

4: Ax ← A+V0; /* 计算 A 点对应 V0 方向的扩展点 */

5: ABx ← B+V0; /* 计算 B 点对应 V0 方向的扩展点 */

6: V1 ← normal(cross_proudct(Vbc,N))*W; /* 计算 BC 向量垂直向量，长度为 W*/

7: BCx ← B+V1; /* 计算 B 点对应 V1 方向的扩展点 */

8： Cx ← C+V1; /* 计算 C 点对应 V1 方向的扩展点 */

9： AABx ← ABx-Ax; /* 计算点 ABx、Ax 对应的向量 */

10： BCxC ← Cx-BCx; /* 计算点 Cx、BCx 对应的向量 */

11： ABCM ← mirror(AABx,BCxC);/* 计算两个外扩向量的中垂线 */

12： Cx ← C+V1;/* 计算 C 点对应 V1 方向的扩展点 */

13： R1 ← make_ray(Ax,ABx); /* 由 Ax,ABx 构建射线 R1*/

14： R2 ← make_ray(BCx,Cx); /* 由 BCx,Cx 构建射线 R2*/

15： P1 ← mindistance(R1,R2); /* 射线 R1 到射线 R2 的最短距离点 */

16： P2 ← mindistance(R2,R1); /* 射线 R2 到射线 R1 的最短距离点 */

17： M12 ← middle(P1,P2); /* 计算 P1、P2 的中点 */

18： P3 ← M12+normal(ABCM)*W; /*M12 点在 ABCM 方向上，长度为 W 的点 */

19： PS ← mindistance(R1,P3); /* 计算射线 R1 距离 P3 最近的点 PS*/

20： PE ← mindistance(R2,P3); /* 计算射线 R2 距离 P3 最近的点 PE*/

END

输出：PS、PE；

这里的 *PS* 和 *PE* 就是需要求解的点，根据插值分辨率参数，以 P_3 点为圆心，以 *PS* 为起点，*PE* 为终点进行球形插值，即可计算弯道上的插值点，从起点 *Ax* 开始依次入栈，直到入栈 *Cx*，即可获取整个弯道坐标；采用相同的算法可以生成弯道右侧的坐标点。

（2）路面生成。

根据上述算法生成所有关键点数据，完成连续道路路面的坐标生成；生成路面需要对这些坐标点进一步插值细化，由于算法对称，计算完成后道路两侧边缘的点数相同，比较容易地根据插值分辨率参数完成坐标的插值，根据路面厚度等参数完成道路的三角网计算。

纹理坐标计算，纹理坐标按照道路规划点计算，道路规划点依然按照上述弯道生成算法计算生成的线，记作 *M*，计算 *M* 上每个点的长度除以道路宽度 *W* 即为纹理坐标 *t*，纹理坐标 *s* 道路左侧记作 0，右侧记作 1，就可以计算出道路三角网上每个点的纹理坐标。

根据参数中护栏的参数，计算出道路两侧护栏方向与锚点，即可完成护栏的计算。

经过上述算法，贴上纹理，道路外观基本成型，道路的路面是一体的，后面的桥梁、隧道等模型生成不再考虑对应的路面部分。

（3）三维模型生成。

根据道路生成算法完成各个步骤的模型生成，如图 4-29 ～图 4-32 所示。

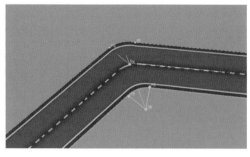

图 4-29　弯道路面生成

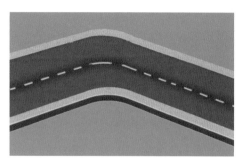

图 4-30　护栏生成

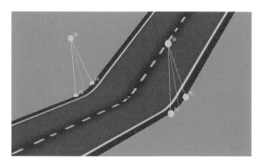

图 4-31　坡道路面生成

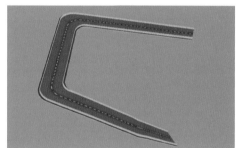

图 4-32　多段路面生成

3. 桥梁生成算法

桥梁的生成主要根据地形、间距、样式等参数完成；桥梁的组件分为，桥身、护栏、桥墩，根据道路朝向与距离生成几何模型；根据纹理参数进行贴图，渲染出真实的桥梁效果。

4. 隧道生成算法

隧道主要在道路距离山体表面距离较高时生成，隧道的生成需要从进入山体以及离开山体的点进行计算，根据隧道半径计算出生成隧道的所有坐标点，贴上纹理即可生成三维隧道；隧道的入口以及出口处，需要在地形上挖洞，确保隧道可以连通。

5. 边坡生成算法

边坡的生成主要采用了地形网格化剖分计算的思路：依据边坡生成设计参数，根据各级别之间的算法关系，以及边坡与开挖地形之间的相交线，计算出边坡的三角网，根据边坡参数中的纹理样式进行贴图显示，即可生成边坡。

（1）获取边坡计算范围。

获取边坡建模的计算范围主要分为三个步骤：首先，根据边坡的地基基准高程、边坡角度、边坡级数、各级平台宽度、排水沟宽度等边坡设计参数构建边坡基本横断面，构建基本横断面的折线起点高程为边坡地基基准高程，终点高程略大于山体最大高程。其次，利用基本横断面线沿边坡面纵向按固定步长逐步推进，计算横断面线与地形表面的交点坐标如图 4-33 所示，记录各个交点 (x, y, z) 坐标值，形成交点数据集合。最后，根据交点之间的空间位置关系，对交点数据集合中所有非自相交点按顺时针或者逆时针顺序逐点连接，形成拓扑正确的三维矢量面，该矢量面即为边坡计算的范围面。

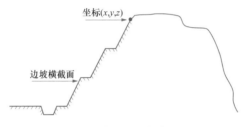

图 4-33　地形表面交点示意图

（2）对边坡计算的范围面进行格网化分割。

按照固定长宽的正方形将边坡范围面细化剖分为多个微分单元，对于临近边界线的不规则多边形扩充为正方形，如图 4-34 所示。计算每个微分单元同时，记录各个微分单元四个顶点三维空间坐标，存储在一个空间坐标数据集合中。然后，根据各个微分单元坐标，把所有微分单元绘制在地理空间三维场景中，通过叠加边坡计算范围的边界线，对微分单元结果进行验证。如果需要优化细化剖分单元，可以调整剖分长宽距离，再次进行微分计算，直到细化剖分结果满意为止。

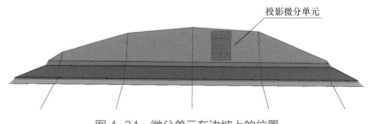

图 4-34　微分单元在边坡上的位置

（3）将网格剖分进行逐单元运算。

沿边坡纵线方向，按一定距离（如 1m），横断面线逐次与边坡计算范围边界线获取交点，交点处截断横断面线，得到一组三维空间的横断面线，这些线组成一个三维空间不规则边坡表面。根据网格剖分结果，逐单元的角点坐标计算该单元投影到不规则边坡表面上，根据投影位置即可得到该微分单元属性（如：排水沟、挡墙、边坡、边坡平台等）。

（4）构建三维体块单元。

对属性相同的各个微分单元按照空间相邻关系，逐步计算合并相邻微分单元，对同一属性的各个微分单元形成一个矢量面，如图 4-35 所示。

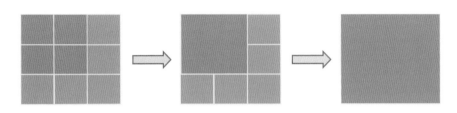

图 4-35　微分单元合并示意图

待所有属性相同的微分单元合并完成以后，会形成几个属性均不相同的矢量面（如：排水沟面、挡墙面、一级边坡面、一级边坡平台面、二级边坡面、二级边坡平台面等）。将矢量面投影到边坡横断面上得到投影面。矢量面、投影面和四个投影侧面构成的一个六面体的三维体块单元，如图 4-36 所示。

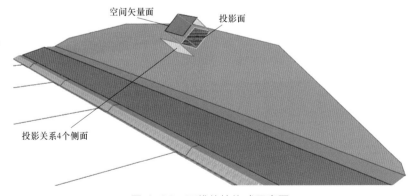

空间矢量面　　投影面

投影关系4个侧面

图 4-36　三维体块构成示意图

（5）验证三维体块单元叠合误差，构建完整的边坡模型。

从边坡顶部自上而下，验证三维体块相邻面之间的距离误差，可设阈值为 0.1m，对相邻面之间的距离小于 0.1m 的则验证合格，将该相邻体块合并，合并以后去除公共面，形成一个新的三维体块。重复该步骤，直到形成一个完整的边坡三维模型。对具有贴图纹理信息的面上赋予贴图（如：排水沟纹理、挡墙纹理、一级边坡纹理、一级边坡平台纹理、二级边坡纹理、二级边坡平台纹理等），最终得到表面带有贴图纹理的完整边坡体三维模型如图 4-37 所示。

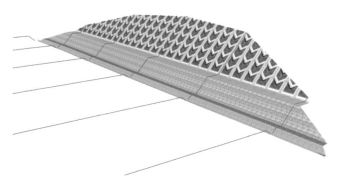

图 4-37　合并后的完整边坡体三维模型

6. 地形修剪

道路生成后需要根据道路参数对复杂地形进行整平、填埋、挖洞等操作；让地形与生成道路更加贴合，融为一体，增强可视化效果（见图 4-38）。

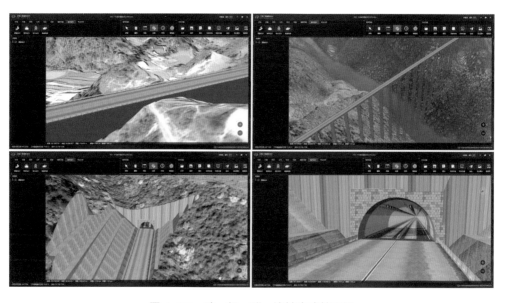

图 4-38　路、桥、隧、边坡生成效果图

（五）局部精细化调整

根据参数化建模的结果，模型比较单一，局部可能出现错误，需要进行局部参数精细化调整（见图 4-39）。

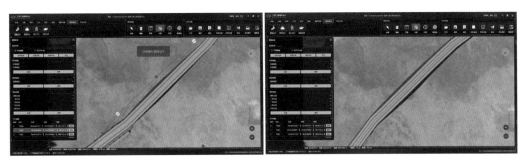

图 4-39　拖拽中心线修改道路

1. 单体模型编辑

每个生成的部件，都支持单体编辑，调整局部参数进行修改和模型替换。修改参数后，局部进行重新生成。

2. 批量模型编辑

在建模过程中会生成很多重复的模型，逐个修改的工作量大，容易出错，通过交互方式批量修改一类模型或者参数。

3. 套盒配准

随着技术的发展，各类精美建模的技术层出不穷，通过 3DMAX，倾斜摄影等一系列方式都可以对某个桥梁，某个隧道等模型进行建模；这些模型往往具体且精美，需要一套方法将模型导入系统中，用以替换对应区域的建模。

引入的模型往往很难调整位置和方向与参数化建模的模型契合，这里采用套盒配准的方式进行模型导入，套盒配准在模型局部空间选择两个点，然后将两个点拖动到自动建模上两个关键点并确认，过程中，自动计算模型的缩放和朝向，完成模型的配准。

四、小结

本节在三维 GIS 系统中采用参数化建模方法，归纳了建模的步骤与流程，以道路设计为例，阐述了参数化建模的过程与算法实现的原理，最终得到贴合地形的三维模型。实际应用证明，该技术可以应用于道路设计、管网设计、电力设计、库容估算、工程挖填计算等多个工程领域，为设计人员完成工程设计提供高效直观的建模方法（见图 4-40）。

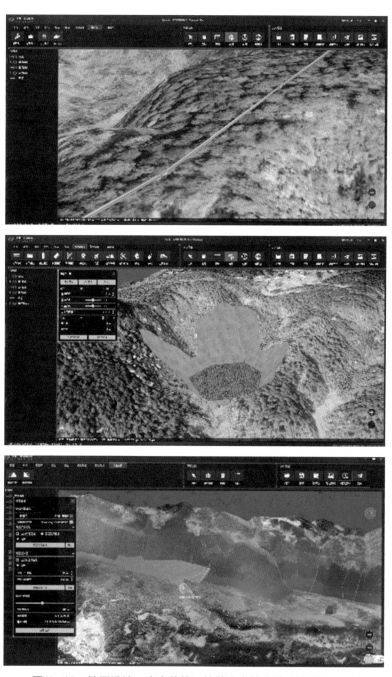

图 4-40　管网设计、库容估算、挖填土方等参数化建模效果图

第五节　多专业协同设计

一、现状背景

大型工程勘察设计工作通常涉及专业较多，下文以水利水电工程为例进行说明，水利水电工程勘测设计是一个复杂的系统工程，目前针对大部分重点建筑物均使用 BIM 技术开展三维设计工作，但大型工程的多专业交互和整体性难以在单纯的 BIM 体系中得到完整复刻，因此探索基于三维 GIS 技术的多专业协同设计，意义重大。

1. 各专业分析尺度差异

大型水利水电工程勘察设计一般遵循"先总体规划与布置，后逐步细化设计"的原则，采用自顶向下的设计方法。工程勘测设计各专业之间的生产逻辑关系不同，分析尺度存在一定的差异性，这种差异性主要体现在空间粒度和时间粒度上。空间粒度是依据一定规则可以将空间划分成不同的格局，形成多层次的金字塔结构，不同层次的空间粒度表达反映了地理场景的不同抽象化概括；时间粒度是时间表达指标，反映时间变化过程时态特征的时间间隔。在前期勘测规划过程中，获取的基础资料和分析范围是大范围宏观上空间粒度和长时间序列时间粒度的综合，该阶段主要是针对建设区域的地理、水文等条件进行详细调查，全面掌握相关资料，同时了解区域周边的水利设施、考量当地气候条件，以此作为水利工程规划方案设计基础。在详细设计阶段，是对项目工程的方案设计，该阶段主要依据相关测绘数据和工程勘察数据作为设计基础且精度要求高，这一层次的数据空间粒度更为精细化；此外，当在进行详细工程布置设计时，比如水工、机电、金属、结构设计工作时往往是基于 BIM 的微观场景开展，而这一层次的数据描述更为精细，达到几何细节级空间粒度，且设计专业在设计过程中通常需要相互协同，在时间粒度上表现出了先后和同时段的序列特征。在工程施工建设阶段同样是宏观与微观的空间粒度结合，需要根据微观的具体设计进行宏观下的实体施工，且需要更新完善相关模型与数据，保障施工的顺利实施。工程运行维护阶段开展的工程运维期安全监测和运行监测更是多维空间粒度和多时段时间粒度的分析尺度。

2. 各专业在全生命周期各阶段侧重点不同

在大型水利工程勘察设计过程中，各专业的侧重点不同，其中测绘专业主要从事工程项目勘测设计所需基础测绘数据采集和成果生产；工程地质专业负责对工程区域地形地貌条件、工程地质现状开展调查与测绘，测绘专业和工程地质专业提供的基础资料是规划、水工、施工、移民、生态与环保、建筑开展下一步工程设计工作的基础；水文规划主要进行相关水文分析为水能专业提供基础数据；水能专业依据水文规划专业提供资料，进行专业分析并制定初期蓄水计划，为水库工程移民专业、水利水电工程设计、机电与金属结构专业提供设计坝高及装机总量计算的依据；水利水电工程设计、机电与金属结构专业主要进行水工、施工等整体布置方案设计及各详细设计；工程移民专业则承接规划、水工、施工等专业成果，进行项目征地移民规划组织与实施；生态与环境专业工作贯穿于工程规划、设计、施工、运维等全生命周期中，开展项目的环境影响评价、水土保持方案等设计与实施；工程安全监测在建设工程全生命周期管理过程中同样具有十分重要的地位，是工程安全管理的重要组成部分，是工程选址避开不适合区域的重要手段，是确保工程施工安全、运行安全的前提。

3. 各专业之间逻辑粘连性不同

在工程勘测设计过程中，每个专业都有自己的一套完整的专业分析逻辑，分析计算的结果是支撑其专业范畴内做出正确决策的关键。每一个大中型工程都需进行多方论证并进行多专业的融合，而每个专业由于其关注的重点不同、深度不同、研究尺度不同，则其对于基础数据的精度要求也不尽相同，大型项目各专业最终提交的往往是相对独立的图册和报告，遇到前后专业需要交接、多重红线相互碰撞这样的问题时，则因源头数据出处不同、精度不同、体系不同、空间属性不同等原因形成了成果数据壁垒，如今国家已推行多规合一，各个专业各自为政的数据交互方式已经不再满足工程勘测设计的要求，需要探索从源头上统一各个专业的基础数据，打通各个专业数据壁垒，建设工程时空信息数据共享库，打通整个工程的专业技术数据流，实现工程全生命周期管理。

二、重难点分析

1. 基于项目经理制的权限组织方式

用户的角色通常与组织机构相关联，组织机构下的用户根据行政或者业务关系完成角色关联，平台的权限管理员为用户动态分配角色，实现权限的动态分配。在用户进入某个页面或者调用某个功能接口时，首先通过用户获取其角色，再根据角色获取其关联的权限，实现页面权限与用户所有的权限循环匹配。

三维辅助设计协同权限主要包括用户管理、组织机构管理、角色管理、用户注册审批和服务授权查询等。在权限控制方面主要从功能和数据两个维度进行，功能控制包括子系统、功能模块、菜单项和按钮；数据控制包括按工程项目进行控制和按专业分类进行控制两种方式，但需注意工程项目和专业交叉的情况。

工程项目协作一般采用基于项目经理制的权限组织方式，项目经理创建项目，对各专业人员进行权限设置，各专业人员只能访问授权的功能模块和项目数据，并根据项目经理安排获取基础数据和参考资料、完成本专业协同设计任务（线下使用专业软件），完成相关设计成果后可保存至本地或同步上传成果至平台。

2. 包容上下游多尺度的数据上传和交互

项目数据是 GIS 宏观数据和 BIM 微观数据的多尺度融合数据集，需要在保留 GIS 时空数据分析能力的基础上，接纳多种 BIM 数据，实现基于三维 GIS 引擎的多源异构数据融合。

实质上，协同设计的基础是不同专业设计工序之间数据的一体化，上游设计专业提供下游设计工序所必需的数据与设计基底，否则下游专业就缺少开展工作的必要条件，并且整个设计的不同工序之间常常是环形的，它们之间客观地存在着相互依赖、相互约束、相互验证的关系。三维辅助设计协同工作就是解决项目数据基底的创建、传递、共享等各环节问题，同时确保各专业数据的上传与下载正常流转，从而实现上下游专业间多尺度数据的一体化和对数据的交互操作及基于数据的专业设计，协调各专业设计及工序之间的依赖关系，完成多专业在不同的分析尺度的设计和应用。

3. 同时支持基于 BS 的时空数据继承与基于 CS 的时空分析与离线操作

在实际工作中，由于设计方案的不确定性，下游专业对上游专业所要求的设计方案的具体内容会随着下游设计方案的变化而变化。这时上下游之间的数据供求是双向并且动态变化的，即在上下游设计工序之间将会反反复复地出现数据"上游请求—下游接受、设计修改、提交—上游接受利用"过程。在这个过程中，地形、影像、倾斜摄影模型、水系等基础时空数据称为"静态数据"，专业设计工序间对这类数据的依赖为"静态依赖"，相较于"静态数据"，专业设计工序间这种随机变化的设计方案数据则是"动态数据"，各专业数据对其关系为"动态依赖"。"静态数据"和"动态数据"共同构成整体方案数据，两者的正常流转是上下游专业能否完成协同设计的保障。

在三维辅助设计协同工作模式中，对"静态数据"统一处理并在服务器端统一发布，各专业从服务器端统一获取，实现时空数据的继承以确保各专业基底数据的一致，而对于"动态数据"即各专业设计数据，在协同中上游专业通过桌面端完成分析后提交上传至服务器端，下游专业通过增量下载方式获取上游专业设计成果，如果下游专业的设计成果有修改或更新并影响上游专业设计，在下游专业提交后上游专业同样以增量下载方式更新方案，在这个过程中如果某一专业通过在线协同方式进行具体方案设计或分析时，项目方案自动锁定，即服务端锁定当前版本方案，只有该专业完成上传后方案才会自动解锁并同步服务端数据。在方案锁定时，其他专业仅能通过桌面离线方式进行设计，当服务端有更新时，会自动提醒是否同步方案，这就消除了不同专业协同时由于共同操作导致方案不一致的问题，同时增量方式下载消除了同类数据反复下载流转的问题，动态数据能够同时提高上下游工序的生产效率，以此达到提高整体效率的目的。

三、关键技术

（一）角色场景设计

根据需求分析结果，由于三维辅助设计协同更偏向于项目，其主要角色分为工程项目经理、专业负责人、专业设计人员，不同用户角色三维辅助设计协同的主要应用场景设计如下。

1. 工程项目经理

工程项目经理在三维辅助协同中需要创建项目，进行工程项目协作管理及设计方案反馈，如图 4-41 所示。

图 4-41　工程项目经理应用场景

如图 4-41 所示，工程项目经理的主要应用场景包括以下几个方面：

（1）协作流程管理：制定工程项目的协作流程，明确参与的专业及其顺序、前后依赖关系，各环节的成果要求等。对流程的状态进行管理。

（2）协作资源管理：提供上传项目基础数据等。

（3）协作成果管理：审查各环节提交的成果并反馈意见，对最终成果进行导出、入库、提交或归档处理。

（4）辅助方案设计：在三维场景中通过各类辅助设计工具完成辅助方案设计并输出设计成果。

（5）设计方案反馈：对提供的方案设计成果进行浏览，结合实际需求反馈修改意见。

2. 专业负责人

专业负责人在三维展示系统进行设计方案浏览反馈，或参与工程项目协作，如图 4-42 所示。

如图 4-42 所示，专业设计人员的主要应用场景包括以下几个：

（1）辅助方案设计：在三维场景中通过各类辅助设计工具完成辅助方案设计并输出设计成果，根据反馈意见修改完善。

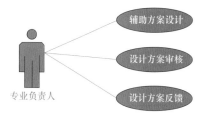

图 4-42　专业负责人应用场景

（2）设计方案审核：对本专业提供的方案设计成果进行浏览，结合实际需求进行审核并反馈修改意见。

（3）设计方案反馈：结合实际需求反馈修改意见。

3. 专业设计人员

专业设计人员在三维辅助设计系统中进行辅助设计，浏览设计方案并反馈意见。

如图 4-43 所示，专业设计人员的主要应用场景包括以下 2 个：

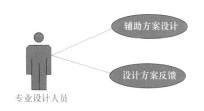

图 4-43　专业设计人员应用场景

（1）辅助方案设计：根据项目经理安排获取基础数据和参考资料、完成本专业协同设计任务（线下使用专业软件），成果质检合格后，上传成果至平台中，并在三维场景中通过各类辅助设计工具完成辅助方案设计并输出设计成果，根据反馈意见修改完善。

（2）设计方案反馈：对上游环节提供的方案设计成果进行浏览，结合本专业实际需求反馈修改完善的意见。

（二）业务逻辑设计

工程项目协作的业务逻辑如图 4-44 所示：

（1）工程项目启动后，首先成立项目组，确定项目经理和各专业的负责人及参与人员，然后正式启动项目协作流程。

（2）第一步是项目经理根据项目需求建立项目，完善项目信息，创建方案并给各专业设计人员开通项目权限。

（3）新增方案可通过在线模式上传数据或离线模式整体打包上传。

（4）各专业通过服务器端获取方案至本地，若选择在线方式，服务器端方案锁定，方案修改后离线方案同时修改，选择上传则更新服务器端方案并解锁；若选择离线模式修改，同样可选择是否上传更新服务器端方案并解锁，便于下游专业进行方案设计。

（5）下游专业同理可进行方案设计，同时服务器端方案更新后会有提示，其上游专业或下游专业可根据提示进行是否更新覆盖已有离线方案，并根据实际情况进行方案修改后再提交更新服务器端方案。

（6）最后修改完成后，确认方案，若未通过，则根据审核意见继续完善；若通过，则提交设计成果并归档。

（三）多源异构数据融合与发布

三维辅助设计平台中的数据流如图 4-45 所示。

相关数据流主要包括：

（1）测绘专业进行基础数据的处理，包括影像、地形、倾斜摄影、矢量等基础数据，将基础地形数据直接加载或发布成 3DTiles 格式，其中对于倾斜摄影数据采用加载通用格式 OSGB 或利用工具转换为 3DTiles 格式，工程三维辅助设计系统、移动三维展示系统、游戏引擎等以及后续建设的专业应用系统，均可加载作为三维场景中的基础数据。

（2）BIM 设计相关专业，通过 Revit、CATIA 等专业 BIM 设计软件进行 BIM 模型设计；然后通过 BIM 模型转换工具，将 BIM 模型转换并轻量化处理后，导出为 3DTiles 格式，与基础数据一起作为协作设计成果输出到三维辅助设计系统和移动三维展示系统中使用。

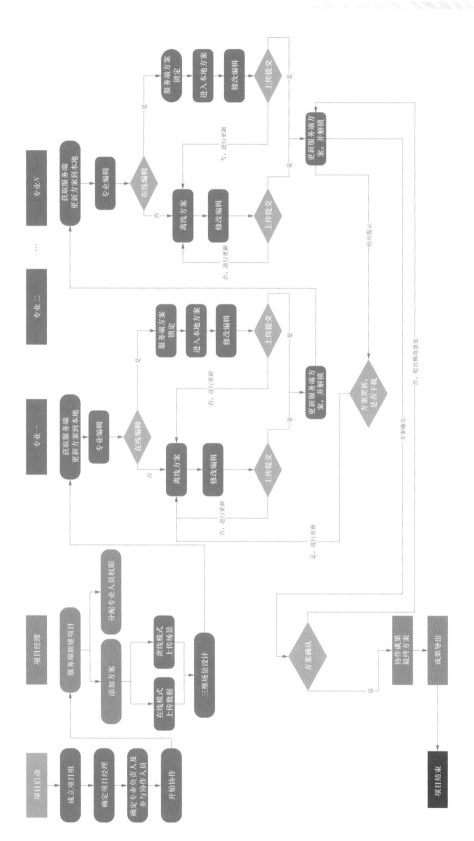

图 4-44 方案设计业务逻辑

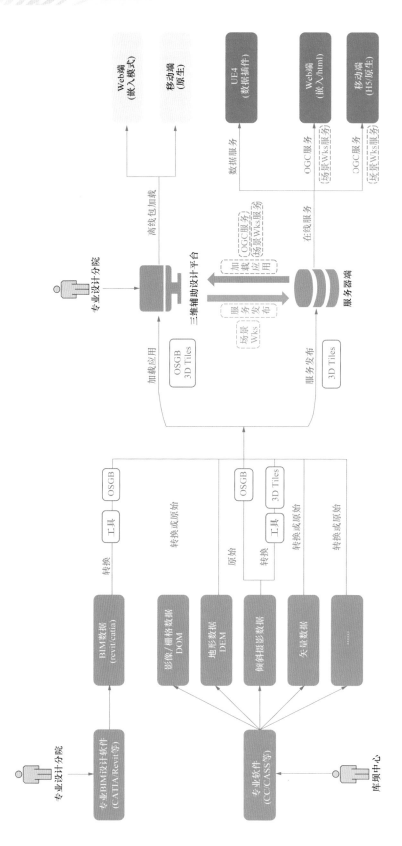

图 4-45　数据流图

（3）辅助方案设计相关专业，通过工程三维辅助设计系统进行辅助方案设计，首先加载相关的三维场景服务；经过场景化的辅助设计，可将地形编辑成果、创建的模型保存并上传发布成 Wks 三维场景服务和 OGC 服务；方案相关人员通过工程三维辅助设计系统浏览设计方案（三维场景）并反馈意见。

（四）版本控制管理

由于方案数据在服务器端与桌面端交互更新频次很高，需要对方案数据进行版本控制管理，这里采用 MD5 校核方式来实现传输过程中的版本管理：在数据下载过程中，需要确保下载的文件是完整的，因此需要对文件进行校验，采用 MD5 校验，服务端对数据进行 MD5 校验，将有关信息返回，客户端下载更新数据，对下载的数据进行校验，获取 MD5 与服务器端生成的 MD5 进行对比，不一致则重新请求下载；若下载后修改数据，则在数据上传过程中生成新的 MD5，和服务器端 MD5 对比有差异，则上传更新服务端数据，上传后对比客户端新的 MD5，若不一致则重新请求上传。

（五）大文件断点续传

在项目数据进行线上线下流转的时候会存在大数据量数据，比如倾斜摄影模型、地形模型、影像模型等数据，考虑该类数据在服务器端和客户端进行传输的时候可能遭遇连接断开，比如断网、程序结束运行等导致传输异常问题，在协同时采用 Redis 数据库，当数据在复制传输过程中遭遇连接断开，则重新连接之后可以从中断处继续进行复制，而不必重新同步。在主服务器端为复制流维护一个内存缓冲区，主从服务器端维护一个复制偏移量和 MD5 校验码，连接断开时，从服务器会重新连接上主服务器，然后请求继续复制，假如主从服务器的两个 MD5 相同，并且指定的偏移量在内存缓冲区中还有效，则复制就会从上次中断的点开始继续上传，数据传输后再比对服务端 MD5 和客户端 MD5 校核文件的完整性；如果其中一个条件不满足，就会进行完全重新同步，重新进行大文件传输。

四、小结

目前勘测设计涉及众多专业，设计使用的数据量大且多元异构，各工作阶段侧重点不同且分析尺度各异，导致专业协同中由于数据坐标不统一、版本不一致、反复流转等带来了工作效率低下、返工率高、设计进度把控难等问题。本节以三维 GIS 为基础构建资源互通共享协作模式，实现了各专业数据的统一访问，通过权限控制、版本控制等手段解决协同过程中数据相互冲突的问题，并形成了在线设计与离线设计互补的一体化协作模式，显著提升多专业协同的工作效率和质量。

第六节　三维辅助设计系统建设

基于前几节的研究成果，开发建设面向工程的 GIS 三维辅助设计系统，涵盖了方案管理、场景设计、复合设计、专业分析等多个功能模块。解决了当前设计工作中底图不统一、资源不统一、数据不共享、展示不直观的问题，实现工作连接、管理协同、资源共享、可视化办公，大幅度提高协同工作的效率与价值。

一、功能实现

1. 方案管理

方案管理模块提供辅助设计方案的创建、删除、编辑、发布等功能（见图 4-46 ～图 4-48）。

图 4-46　方案列表图

图 4-47　新建方案

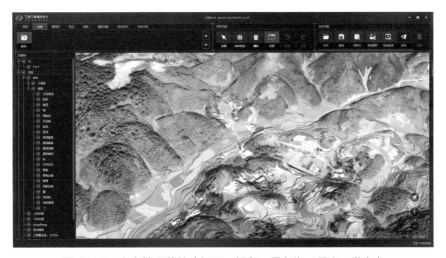

图 4-48　方案管理菜单（打开、保存、另存为、导出、发布）

2. 场景设计

场景设计模块提供三维辅助设计相关功能（见图 4-49 ～图 4-56）。

图 4-49　模型数据加载（倾斜、BIM）

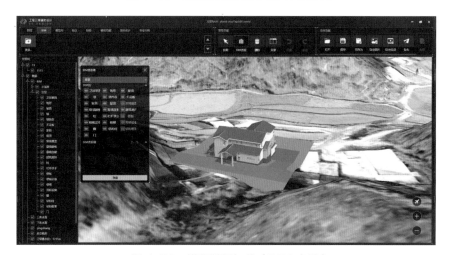

图 4-50　模型数据加载（BIM 查看）

图 4-51　模型数据加载（房屋）

图 4-52 模型数据加载（桥梁）

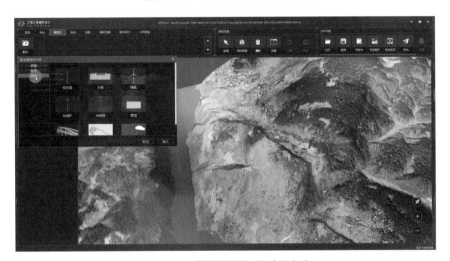

图 4-53 模型数据加载（设备）

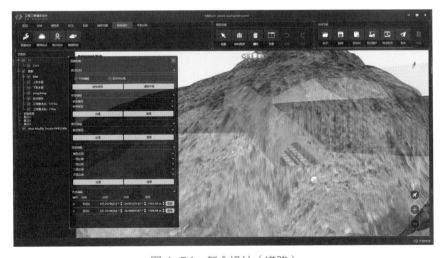

图 4-54 复合设计（道路）

图 4-55　复合设计（管网）

图 4-56　复合设计（电力）

3. 资源目录

通过资源目录查找、定位、检索项目数据。

4. 查询浏览

提供条件检索、数据目录两种查询方式，结果支持表格浏览或三维地球浏览（见图
4-57 ～图 4-59）。

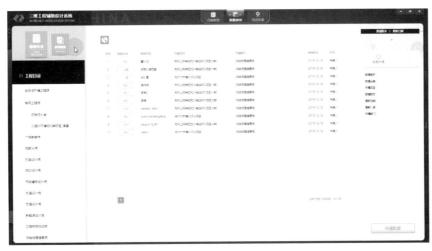

图 4-57　数据目录（结果表格）

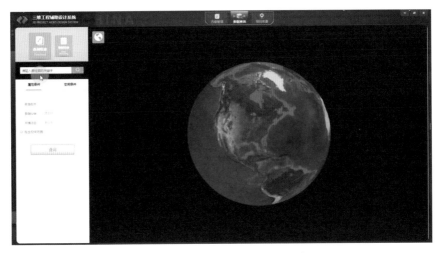

图 4-58　条件查询（三维地球）

图 4-59　条件查询（结果表格）

5. 三维分析

基于地形开展三维分析（见图 4-60 ~ 图 4-64）。

图 4-60　库容分析（参数设置）

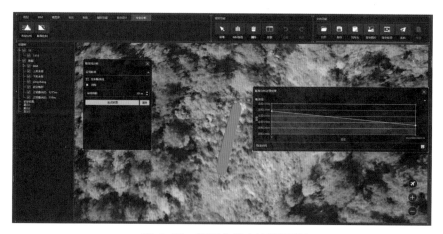

图 4-61　断面分析（结果展示）

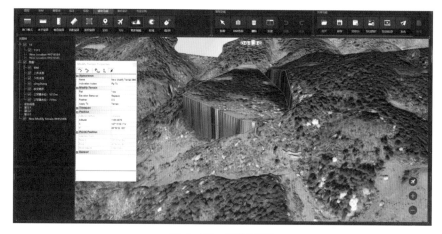

图 4-62　地形编辑

图 4-63　视域分析

图 4-64　填挖方计算

6. 其他工具

提供常用的三维浏览、量算等工具（见图 4-65 ～图 4-68）。

图 4-65　垂直高度量算

图 4-66　斜距量算

图 4-67　面积量算

图 4-68　文本标注

二、应用展示

本节以大型水电水利工程、抽水蓄能电站工程为例，分别介绍 GIS 三维辅助设计系统的应用优势。

1. 大型水电水利工程

以西藏某大型水利水电工程为例，基于 GIS+BIM 三维映射技术，构建项目真三维场景，真实还原现场地形地貌及施工总布置。三维映射基底基础数据包括影像、地形及三维实景数据，宏观三维映射场景采用影像加地形形式构建，影像数据源为卫星影像和航飞影像，地形数据分为 30m 粗地形叠加 1∶2000 实测精细地形；核心区域范围采用实景三维模型，在三维辅助设计系统中通过融合多源数据，形成该项目三维映射基底，总面积约 8462km²，其中实景三维范围面积约 36km²（见图 4-69 和图 4-70）。

图 4-69　三维映射库区场景（面积约 8462km²）

图 4-70　实景三维模型（36km²）

　　项目施工总布置区域包含右岸上游施工区、枢纽施工区、土料场施工区、右岸下游施工区及生活区等五大区域。枢纽区布置通过 BIM 进行方案设计，通过数据转换导入工程三维辅助设计中，与真三维环境融合，详细展示各施工区布置情况，同时利用地形半透明模式，展现枢纽区地下部分施工布置及地下建构筑物情况，实现地上地下布置相结合，宏观掌控全域设计格局（见图 4-71 ～图 4-73）。

图 4-71　总布置区域概图

图 4-72　右岸下游施工及生活区详图

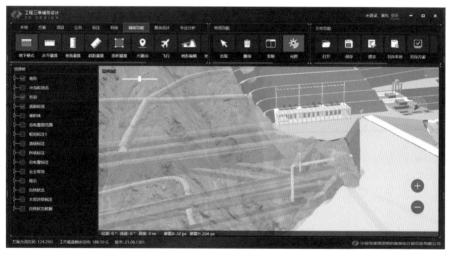

图 4-73　枢纽区详图（地形半透明模式）

项目区域由于地质条件复杂，且山势陡峻，环境恶劣，大部分区域交通不便，利用传统野外调查方法不可能在较短的时间内获得这一地区岩墙的空间分布特征，而在三维辅助设计系统中，基于高精度实景三维模型，可高效识别该区域岩体的空间分布特征，量测其范围大小，减少野外工作量，优化工作模式（见图 4-74）。

图 4-74　部分碎裂岩体标注

基于三维映射基底，借助三维辅助设计淹没分析功能，模拟分析库区淹没情况并进行三维展示（见图 4-75），叠加移民实物指标调查数据（见图 4-76），为工程移民管理提供直观形象的信息支持。

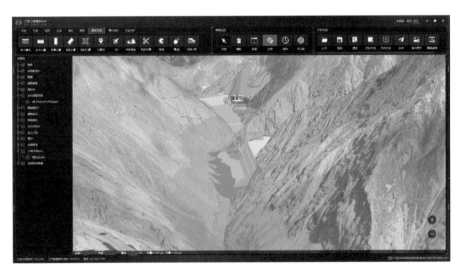

图 4-75　淹没模拟

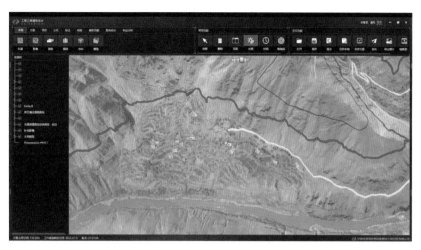

图 4-76　库区征地移民实物指标三维可视化

2. 抽水蓄能电站工程

在国土空间规划背景下，抽水蓄能电站的规划首要是"被动选址"的合规性，其次是"主动选址"的合理性。以 GIS 空间分析为技术支撑，提升抽水蓄能电站选址的科学性和效率。目前抽水蓄能电站选址以整县域或整市域范围进行筛选，通过分析潜在库盆的上下库距高比、水源条件、合规合理性等获得潜在库盆区域。以西南某县抽水蓄能选址筛选为例，通过影像融合地形，叠加河流、行政区划等基础地理要素，构建区域三维映射场景基底。在三维辅助设计系统中，可视化展现抽水蓄能电站筛选要素，即以河流为下库，满足距高比的筛选条件范围和以洼地识别、地形识别两种方式筛选的潜在库盆区域，通过点选方式潜在库盆区域查询库盆区域的表面积、天然库容、平均高程等属性，辅助抽水蓄能"主动选址"（见图 4-77 ～图 4-79）。

图 4-77　整县域三维场景

图 4-78　以河流为下库、满足距高比的筛选条件范围（紫色区域）

图 4-79　潜在库盆区域及属性查询结果

此外，在三维辅助中通过与生态红线、永久基本农田、稳定耕地、国家公益林、自然保护地、饮用水源地及风景名胜区等敏感因子进行叠加分析，直观表达潜在库盆区域和合规合理性，辅助抽水蓄能"被动选址"（见图 4-80）。

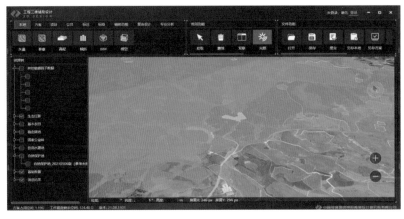

图 4-80　潜在库盆区域与生态红线叠规分析

第五章 工程勘察与 GIS

第一节 概　　述

工程勘察指为满足工程建设的规划、设计、施工、运营及综合治理等需要，对地形、地质及水文等状况进行测绘、勘探测试，并提供相应成果和资料的活动，岩土工程中的勘测、设计、处理、监测活动也属工程勘察范畴。

工程勘察的任务在于查明工程项目建设地点的地形地貌、地层土壤岩性、地质构造、水文条件等自然地质条件资料，做出鉴定和综合评价，为建设项目的选址、工程设计和施工提供科学可靠的依据。工程勘察专业主要技术流程如图 5-1 所示。

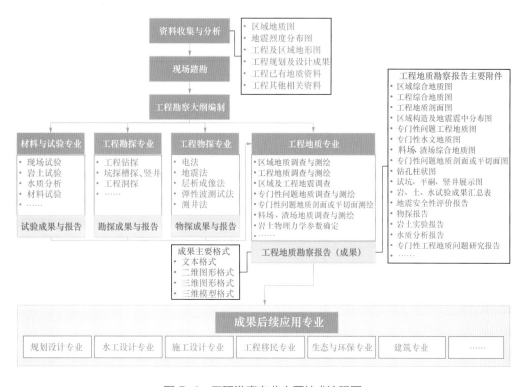

图 5-1　工程勘察专业主要技术流程图

一、工程勘察专业工作概况

工程勘察的内容可分为工程测量、水文地质勘察和工程地质勘察，作业内容主要包括工程测量，地质调绘，野外勘探（钻探、平硐、坑探、槽探等），测试试验（物探测试、原位测试、水文试验、室内试验），数据采集，成果编制和可视化展示。

1. 工程测量

随着全球导航卫星系统（GNSS）和 RS 技术的发展，网络 RTK 和精密单点定位技术的研究应用，低空摄影测量技术的普及，使得数字摄影测量和基于卫星定位的工程控制测量技术广泛应用于工程测量中。勘察工作所需的地形图和三维实景模型主要采用无人机航空摄影进行采集，勘探点测量放样主要采用网络 RTK 测量，作业效率和精度大大提高。

2. 地质调绘

目前地质调绘仍以传统的人工现场踏勘和地质编录为主，需要地质工作者带着纸质地形图、地质图等资料和地质锤、罗盘、放大镜等地质工具进行野外作业，针对岩石露头、地层分界、地质构造、地表水等特征点进行记录，并对地表露头、地质分界进行追踪绘制。近几年随着测量和 GIS 技术的发展，地质人员可采用卫星地图进行辅助调绘，通过手机、平板等移动设备在地图上记录现场位置、轨迹、照片等信息。随着无人机倾斜摄影测量技术的应用，基于三维实景模型的地质调绘编录也得以实现。

3. 野外勘探

野外勘探主要涉及的钻探、坑探、槽探、平硐等手段，仍主要依靠钻机、掘进机等传统的作业设备，由于新设备研发较为困难，因而更新迭代较为缓慢。

4. 测试试验

测试试验主要通过仪器设备来获取数据，主要包括物探、原位测试、水文试验和土工试验，在仪器设备上未有突破性的进展，仍主要采用传统的仪器设备，如物探中的高密度电法、瞬态面波法、钻探声波，原位测试中的静探、动探、十字板，水文试验的抽水试验、注水试验、示踪法，土工试探的常规、压缩、剪切等。

5. 数据采集

目前在勘察数据采集方面仍以手工纸质记录为主，如地质调绘编录、钻孔进尺和描述记录、原位测试动探记录、水文试验记录等，物探、静探等部分仪器设备在数据采集上实现了自动化采集。近年来随着勘察信息化建设的兴起，以手机 App 进行勘察野外数据采集的手段出现，可通过 App 记录勘察现场的钻孔和地层数据，实时传入数据库进行存储，供勘察质量监管和后续应用。

6. 成果编制

成果编制主要将采集的数据进行整理、分析，然后绘制图件和编写报告。目前采用纸质记录的数据，需要先进行电子化，按照指定的数据模板输入 Excel 或软件中，在进行数据检查和整理后，通过 CAD 或者勘察软件进行图件的绘制和分析。采用 App 记录的数据可以通过软件导出为 xls 格式或 txt 格式后再导入勘察软件成图，部分勘察信息化平台可直接基于数据库生成勘察图件。

目前勘察成果编制是以 Office+CAD+ 勘察软件为主，以纸质数据为基础，主要存在数据录入、检查和整理工作较为繁琐、图件绘制和修改工作量大、成果展示效果不佳等问题，且成果编制相对于现场勘探较为滞后，容易造成大量补勘工作。

7. 可视化展示

勘察可视化展示主要为建立三维地质模型，目前市场上已有较多的三维地质建模平台，如 GOCAD、EVS、GeoStation、理正三维建模软件等，可通过建立三维模型展示地质三维空间形态，用于岩土设计、岩土计算、数字孪生等应用。

二、工程勘察专业 GIS 应用现状

GIS 可为工程地质外业提供详细精确的地质空间信息。在三维 GIS 中，空间对象通过 X、Y、Z 三个坐标轴来定义，以立体造型技术展现地理空间现象，不仅能够表达空间对象间的平面关系，而且能描述和表达它们之间的垂向关系。GIS 可融合倾斜摄影、BIM、激光点云等多源异构数据，为实现宏观微观一体化与空天、地表、地下一体化提供了可能性，为地质数据的采集方式提供了新的思路与方法。

勘察作业从空间上分可分为地表和地下两部分，地表勘察主要包括现场踏勘和地质调绘，用以查明地表地形地貌、地质构造、地表水、不良地质条件等；地下勘察主要包括钻孔、物探、测试等，用以查明地下岩土结构、地质构造、地下水等特征。通过 GIS 建立的地表模型可成为勘察地表和地下部分的连接介质，实现勘察地上地下一体化的综

合分析和展示。

目前，GIS 在勘察中的应用主要包括三个方面。

（1）外业工作布置和数据采集。

GIS 结合无人机倾斜摄影和实景建模技术，为勘察野外作业提供真三维场景，并可基于实景模型进行地质矢量数据的提取。矢量数据通常由点、线、面来表达地理实体，比如使用线来表达一条河流、使用面表达某覆盖层区域、使用点米表达地质岩性露头等。基于实景模型的矢量数据提取，可基于实景模型评估勘探的重点区域，完成对勘探、物探、测试等点位的精准布置，并评估现场施工的可行性；可在实景模型上完成地层岩性分界线、地质构造界线、地质点标绘、岩层产状量测等地质调绘工作，在室内完成传统地质调绘 80% 的工作量，对其余的野外调绘工作，可带着 GIS 电子沙盘、地形图、地质图等资料在 RTK 或移动设备定位模块的帮助下，快速找到并记录地质调绘的点位和数据；可基于勘察数据采集 App 进行现场钻探、取样、测试等数据的信息化采集，并通过网络实时传输。

（2）实时绘图和分析。

基于 GIS 三维场景，可对地表进行二、三维空间分析，如剖面线分析、等高线分析、坡度坡向分析、空间距离量算、贴地距离量算、水平距离量算、空间距离量算、空间面积量算、贴地表面积量算、高程量算等，基于现场地质调绘的各类地表分析计算和土石方计算等；基于实时采集的现场勘察数据，可实时生成勘察剖面图、剖面图和柱状图，辅助勘察现场进行勘察中的地质条件分析，用于动态调整勘察工作布置、动态评估滑坡、崩塌、危岩体等不良地质条件。

（3）勘察成果综合展示。

基于 GIS 的空间坐标系转换，可将勘察数据、勘察成果、三维地质模型、结构 BIM 模型、倾斜摄影模型、点云等数据统一时空基准，实现多源数据在 GIS 二、三维场景中进行融合展示，实现全方位勘察评价和分析，广泛用于项目勘察成果汇报，最大限度地让地质评审专家了解到现场条件并进行专业分析判断。

由于工程所属行业差异以及实际条件的复杂性，GIS 应用的重点有所不同。如下所述：

（1）水利水电、公路、交通勘察。

此类项目的勘察大多位于山区，且勘察工作以地质调绘为主，GIS 技术主要用于辅助地质调绘，通过三维模型、实景三维模型以查看人力所不能及的高陡区域，从而获取全方位的勘察数据，并通过 GIS 场景辅助工程选址、道路选线等方案设计工作。

（2）市政、工民建等勘察。

此类项目多位于城区或城市周边，周边环境［已有建（构）筑物、地下管线等］较为复杂，场地交付勘察时多已完成"三通一平"，勘察工作以钻探为主，GIS 技术主要用于多源数据耦合的空间分析，以评估工程建设的适宜性、设计方案的合理性等。

（3）光伏发电、风电等新能源项目勘察。

此类项目的勘察大多位于山区，但勘察的要求较为简单，勘察孔间距较大，深度较浅，GIS 技术主要用于辅助勘探工作布置，通过大场景的实景模型对勘探坐标进行精确定位，并充分评估勘探位置与用地红线、农田、林地等设施的碰撞关系。

（4）地下水资源勘察。

地下水资源主要指存在地下能够被人类利用的水资源，是全球水资源的重要组成部分，且同地表水资源和大气水资源有紧密联系，可相互转化，对其进行勘察有助于评价水质和水量，除此之外还包含水层之间水力联系，同时包含水层边界等特征。GIS 技术主要用于查明地下水资源的空间分布并进行调配，通过对地下水埋深、地表水供给、储藏量等信息，获取空间数据和建立成果细化模型，反映区域地下水资源一般特点规律，为科学合理地进行地下水资源规划、管理、保护、开发和全面决策作为有力依据，从而对地下水资源进行规范化管理，确保实施的有效性。通过建立水文地质资料、地下水动态资料和水开采情况等空间数据库系统，能够可视化查询与检索某些数据，预测地下水资源的管理情况。

（5）地质灾害勘察。

主要利用 GIS 对地球表层空间中的有关地理分布数据进行收集存储，以方便对数据进行管理和运算，在需要时加以分析形成系统的描述体系，从而进行动态监测。随着科技的进步和人类要求的发展，GIS 在灾害地质的勘探中作用也越发凸显，这主要表现在对地质灾害的危险性分区评价、地质灾害评价和管理、GIS 与专家系统集成应用三大方面。通过将时空数据与专家知识相结合的时空分析对地质灾害的危险程度加以判定，能够更好地实现对地区的地质灾害动态监管。

第二节　GIS 在工程勘察的场景应用

从前述 GIS 技术在勘察中的应用现状来看，虽然 GIS 在勘察的地质调绘、数据采集、综合展示中均有了较为丰富的应用，但整体的应用深度不够、应用体系不够成熟，GIS 技术在解决勘察的实际问题上还有较多的需求空间。主要有以下几个方面。

一、基于 GIS 的智能野外地质调绘

目前利用 GIS 技术能通过矢量数据的获取完成部分地质调绘工作，但仍然主要依靠人为判断绘制点、线、面，对于高陡边坡的结构面编录、危岩体识别等专业应用需要基于 GIS 软件平台进行自定义开发，以实现智能编录的功能。目前大多 GIS 系统可进行调绘工作，但数据只存储于 GIS 系统，与专业的勘察数据采集和管理系统脱节。目前市场上基于 GIS 平台的勘察数据管理系统还不成熟，因而要实现智能化的野外地质调绘，需要在 GIS 平台的基础上，开发勘察数据采集和管理系统，或在勘察数据采集和管理系统中融入 GIS 工具，使 GIS 数据与勘察数据共用数据库，以实现 GIS 数据和勘察数据的无缝对接。

二、基于 GIS 的勘察数据可视化管理

目前基于 GIS 平台的勘察可视化管理已有所应用，但在可视化方面主要进行简单的钻孔展示、三维地质模型和 BIM 模型展示、模型剖切开挖等，展示主要基于三维模型，在数据成果展示方面主要通过窗口进行后台数据的图片、表单的展示，整体展示效果和功能较弱。进行勘察数据成果的全方位展示，除了展示三维模型外，还应将钻孔柱状图、地质剖面图、测试数据和曲线、室内试验结果等在三维 GIS 中进行展示。

三、地上地下一体化三维协同设计

目前 BIM 技术发展已经较为成熟，但 BIM 在工程中的应用大多以 BIM 单体化微观模型来进行各项工程管理，未能将微观与宏观地形或场景相结合，且主要应用于单体建

筑，虽然其属性信息可以精细到构件级别，具有可视化程度高、建筑信息全面、协调性好等优势，但BIM技术的宏观模型及场景建模能力较差，且模型数据量大、可视化预处理时间长，并且在空间位置定位、地理环境表达及空间分析上都存在不足。GIS技术可弥补BIM技术在宏观模型及场景模型的建模缺点。目前市场上所谓的"GIS+BIM"大多仅限于地上结构模型和GIS宏观场景的结合，缺乏地下三维模型，且涉及道路设计、场地挖填设计时常以地形拉伸的填充模型替代地质三维模型，缺乏真实地质模型的支持。要实现真正的"GIS+BIM"地上地下一体化三维协同设计，需要解决地上地下模型联合展示的问题，实现地上三维实景、BIM模型和地下三维地质模型在同一平台内融合。

四、基于GIS的城市地质信息资源共享

改革开放以来，工程建设的高速发展，为工程建设服务的岩土工程勘察工作在深度、广度及数量上都达到相当规模，积累了大量的岩土工程勘察资料。这些勘察资料分散在各个勘察单位，没有形成资源的共享利用，出现了同一场地进行不同建设项目开发时重复勘察的问题。如何进行系统管理并且对其实现综合利用，使其由原来的"死"资料变成现在的"活"资产就成为一项重要工作。建立基于GIS的城市地质信息资源共享系统，将对支持工程规划、建设的科学决策，指导单项工程勘察等具有积极的推动作用。

第三节 工程勘察专业数据库设计

勘察专业需要在野外数据采集、现场管理和可视化展示方面应用GIS技术完成相应的工作，专业数据库从应用上可分为勘察专业数据库和勘察GIS数据库。

一、勘察专业数据库

勘察作业依托实际的勘察项目进行，需要建立"用户—配置—作业—管理"的一套完整数据库，同时由于实际的勘察项目涉及行业众多、所在区域也各不相同，因而在野外作业描述上要兼顾各个行业和各个地区的使用习惯，比较好的方式就是打破行业和地

区习惯的限制，建立自由配置平台。基于以上的使用需求，我们将勘察作业数据库进行
了分类，各分类表单如表 5-1 所示。

表 5-1　勘察作业数据库涉及表单

表单类别	表单子类别	表单名称
用户登录	企业用户	企业注册信息表、企业登录信息表、企业资质证书表、企业注册审核表
	个人用户	个人注册信息表、个人登录信息表、个人执业信息表、个人职称信息表、个人注册审核表
配置平台	项目配置	项目阶段配置表、项目等级配置表、项目类型配置表、项目等级配置表、项目单位角色配置表、项目人员角色配置表、项目字典一览表、项目模板一览表
	系统配置	组织机构配置表、单位角色配置表、权限管理配置表、单位人员 / 用户管理、单位管理
	勘探类型管理	勘探点一览表、钻孔性质一览表、钻孔类型一览表、钻孔工点类型一览表、动探类型一览表、钻孔状态一览表、取样类型表、土取样工具表、土样等级表、水位埋藏类型、水位埋深类型、地质时代对照表、地质成员对照表、勘探点类型表
	岩性对照表	填土分类表、淤泥质土分类表、泥炭质土分类表、黏性土分类表、粉土分类表、砂土分类表、碎石土分类表、黄土状黏土分类表、红黏土分类表、岩石分类表、空洞分类表、其他岩性分类表
	岩性描述字段对照表	填土描述表、淤泥质土描述表、泥炭质土描述表、黏性土描述表、粉土描述表、砂土描述表、碎石土描述表、黄土状黏土描述表、红黏土描述表、岩石描述表、空洞描述表、其他岩性描述表
	描述字段标准配置表	密实度、均匀性、湿度、状态、磨圆度、风化程度、坚硬程度、完整程度
项目管理及可视化	项目管理	工程概况表、项目列表、项目子项表、项目基本信息表
	劳务管理	班组管理表、设备管理表、进出场管理表、劳务单位人员信息表
	勘察记录管理	开孔、终孔、进尺等记录表
	勘察影像管理	开孔、终孔、进尺等影像记录表
	信息反馈	错误信息反馈一览表
成果管理	前期工作	搜集资料、中标通知书、勘察合同、勘察委托书、勘察大纲

续表

表单类别	表单子类别	表单名称
成果管理	项目部发文	项目成立文件、项目部函件、会议纪要
	勘察施工	地质测绘资料、业主提供文件、设计提供图纸、设计提供图纸、勘察中间成果、最终报告（图纸）
	后期服务	基础验槽资料、持力层认证报告
	项目结算	结算资料
勘探作业平台	勘察策划	资料预览表、建（构）筑物性质一览表、勘察要求表、区域钻孔表、钻孔布置表、钻孔分配表、剖面布置表、计划任务表
	地质调绘	产状点编录表、岩层分界点编录表、覆盖层内分界点编录表、基覆分界点编录表、断层点编录表、裂隙点编录表、取样点编录表、泉水点编录表、岩溶点编录表、不良地质体点编录表
	钻孔编录	岩性分层编录表、地层编录表、风化程度编录表、岩芯编录编录表、钻孔测斜编录表、钻孔节理编录表、钻孔充填结构面编录表、钻孔岩层倾角统计编录表、钻孔遇构造统计编录表、钻孔裂隙统计编录表、钻孔返水统计编录表、钻孔整孔岩芯编录表、取岩编录表、取土编录表、取水编录表、水位观测编录表、钻孔班报表、坑/槽探记录、钻孔质量评定、钻孔开工申请
	钻进记录	开孔记录表、回次进尺记录表、岩土描述记录表、动探记录表、标贯记录表、终孔记录表

二、勘察 GIS 数据库

勘察 GIS 数据库主要支持基于 GIS 平台的野外数据采集（地质调绘、勘探编录等）、三维模型展示和勘察成果展示，对象的管理方式主要基于 GIS 的图层，按照点、线、面、图片、瓦片模型等类别进行管理，数据库需对勘察常用对象的图层进行规定（见表 5-2）。

表 5-2　勘察 GIS 数据库常用对象表单

图层名称	对象名称	图层类型
地质点	产状点	点
	岩层分界点	点
	覆盖层内分界点	点

续表

图层名称	对象名称	图层类型
地质点	基覆分界点	点
	断层点	点
	裂隙点	点
	取样点	点
	泉水点	点
	岩溶点	点
	不良地质体点	点
地层界线	岩脉	线
	覆盖层内界线	线
	基覆界线	线
	岩层界线	线
	自定义	线
地质构造线	断层线	线
	向斜轴线	线
	背斜轴线	线
	自定义	线
地形地貌	冲沟	线
	山梁	线
	道路	线
	地表水	线
	地下水	线
	落水洞	线 / 点
	农田	线 / 点
	林地	线
	自定义	线 / 点
测绘	等高线	线
	控制点	点

续表

图层名称	对象名称	图层类型
测绘	坡度线	线
	自定义	线 / 点
已建物	建筑	点 / 线 / 面
	道路	线
	桥梁	线 / 点
	大坝	线 / 点
	涵洞	线 / 点
	自定义	点 / 线 / 面
拟建物	建筑	点 / 线 / 面
	道路	线
	桥梁	线 / 点
	大坝	线 / 点
	涵洞	线 / 点
	建筑边线	线
	用地红线	线
	开挖边线	线
	基坑边线	线
	自定义	点 / 线 / 面
勘探	钻孔	点
	平硐	线
	物探测试点	点
	原位测试点	点
	自定义	点 / 线 / 面
不良地质体	危石	点 / 线 / 面
	危石群	点 / 线 / 面
	危岩体	点 / 线 / 面
	碎屑流	点 / 线 / 面

续表

图层名称	对象名称	图层类型
不良地质体	碎裂松动岩体	点 / 线 / 面
	滑塌体	点 / 线 / 面
	泥石流	点 / 线 / 面
	崩塌体	点 / 线 / 面
	自定义	点 / 线 / 面
特殊岩土	软土	点 / 线 / 面
	红黏土	点 / 线 / 面
	膨胀土	点 / 线 / 面
	黄土	点 / 线 / 面
	自定义	点 / 线 / 面
危险性分区	I 区	面
	II 区	面
	III 区	面
三维模型	三维地质模型	瓦片
	REVIT 结构模型	瓦片
	CAD 三维模型	瓦片
二维图件	地质剖面图	图片、线
	钻孔柱状图	图片、线
测试成果	物探测试	点、线、图斑
	原位测试	点、线、图斑
	土工试验	点、线
其他	勘察成果报告	附件 / 图片
	物探、测试报告	附件 / 图片

第四节　关键技术

一、基于 GIS 的数字化野外地质调绘技术

传统的野外地质调绘主要依靠人工现场踏勘、追踪等，在 GIS、无人机倾斜摄影等技术背景下，基于 GIS 的数字化野外地质调绘得以实现，主要包括以下两个方面的技术内容。

1. 多源数据高精度耦合配准

将倾斜摄影建立的三维实景模型、激光雷达点云数据以及供地质调绘参考用的地形图、地质图、设计平面图等资料在同一坐标系下通过坐标转换、关联点连接等方式进行配准，加载至 GIS 平台并进行分层管理。

2. 多源数据耦合分析和应用

在 GIS 平台中，可以基于地貌实景，在三维空间下进行地质界线、地质特征点等的绘制，并结合点云和参考图件进行综合分析，以获取较为准确的地质数据。同时，可以基于多源数据进行在线地质产状标绘、不良地质体规模分析、危岩体识别等专业应用。

二、基于 CAD 控件的 B/S 端和 App 在线自动成图技术

勘察过程中往往需要通过实时平、剖面和柱状图的绘制进行勘察工作和地质规律分析，以勘察数据库为基础，通过在 B/S 端和 App 勘察系统中部署 CAD 控件，实现 B/S 端和 App 同步绘图，并通过在线地质剖面自动分层和绘制技术实现地质剖面的自动绘制。

三、基于 GIS 的勘测数据高效融合技术

勘察工作需要采集各类数据，涉及勘察、测绘、试验等，需要连同三维地质模型、勘察报告等勘察成果一同融入 GIS 进行综合展示分析，需要解决基于 GIS 平台的勘测数据高效融合问题。通过 B/S 端和 App 端记录的数据，采用可视化技术在 GIS 平台进行展

现，并与数据库实时联动；对于三维地质模型的处理，通用的 mesh 网格模型采用切片工具处理后导入 GIS 平台，再分别赋予地质属性；EVS 等软件生成的四面体网格模型，采用专门开发的处理工具将模型和附带的属性一同处理导入。

第五节　系统开发实践

基于以上的分析研究，开发了以勘察信息化数据采集和管理为基础、基于 GIS 和 BIM 进行深化应用的智慧勘察信息化平台。本节主要对系统的开发建设情况、重点功能模块进行介绍，并对系统的应用情况进行实例展示。

一、系统简介

系统具备勘察原始数据数字化采集、勘察现场可视化管理、勘察二维剖面成图、地质模型三维展示、GIS+BIM 三维实景展示等功能，可应用于勘察全过程的数据采集、管理和可视化展示。

（一）业务需求

根据勘察工作内容，系统的业务涉及勘察野外数据采集（工程测量、地质编录、野外钻探、原位测试、土工试验等），勘察数据存储和管理，勘察现场可视化管理，勘察图件编制，GIS+BIM 二、三维综合展示等。

系统需要以原始数据库、字典库、模板库、文件库等基础数据作为数据支撑，以 Web 端和 App 为媒介，借助互联网发布勘察任务；以 App 进行野外数据采集和现场管理，以 Web 端进行数据管理和可视化展示。借助 GIS 平台、地图 SDK、CAD 控件、PDF 查看控件等技术，为勘察生产人员提供基于 App 和 Web 端的在线可视化体验。

从不同使用者需求出发，可通过本系统完成各自工作包括：

（1）勘察生产人员：实现勘察内、外业一体化作业，切实解决勘察生产人员的作业难题，提高勘察工作效率；

（2）管理者：实现各项目勘察数据成果全方位展示和分析，方便管理者管理项目，并为管理者做决策提供数据支撑；

（3）建设方：实现建设方实时、可视化的勘察进度展示，提供工作形象展示、现场工作协调和工作进度把控提供服务。

（二）应用场景

1. 野外作业

从使用业务需求出发，提供模板化设计功能，针对工民建、市政、水利水电等不同勘察业务，建立统一野外描述字典库，提供自主定制的服务，根据需求定制所需的描述内容。从使用者需求出发，针对不同使用人员，如工人（描述员）、编录员、现场负责人、项目负责人等，根据权限控制提供不同的数据采集和流程管理服务。

为提高野外作业管理效率，勘察单位现场人员需要使用移动端，通过加载电子地图、正射影像图、CAD图、倾斜摄影模型，结合定位坐标进行野外数字化采集和项目精细化管理；对完成的勘察工作，可实时查看剖面图和柱状图等图件，可实时查看勘察进度，可实时查看作业异常，并通知工人（描述员）对异常进行处理。

2. 项目展示

借助系统Web端，为勘察生产人员提供可视化的项目展示、查询和管理服务，方便对项目进行精细化管理。移动端采集的野外数据通过云推送至存储数据库，通过GIS平台进行二、三维可视化进行展示，以表单形式进行具体管理，为管理者提供决策依据。

3. 在线成图

勘察现场作业时，需要根据钻探剖面图进行现场工作的调整，需要从勘察数据库中提取勘察数据，借助CAD插件生成所需平面图、剖面图、柱状图及其他图件，并基于剖面图进行地层分层的综合分析，实现勘察数据的优化处理。

4. 服务支持

通过系统为业主方提供高质量的服务，拟搭建可视化项目展示平台，全方位、实时呈现勘察项目的情况，及时查看勘察数据；同时通过精确定位的展示，提供现场作业冲突分析，方便进行施工作业安排。

5. 数据整合

每一个勘察项目的资料都是该项目地区宝贵的数据资源，借助智慧勘察信息化平台实现勘察作业，可对勘察项目所有资料、数据进行集中存储。同时，可对后续使用信息化平台的所有项目的勘察资料、数据进行整合，通过不断积累形成区域性的地质勘察数据库，通过统计分析形成地质资料大数据。另外，对此前未采用信息化平台工作的勘察项目，可对已有的地质图件、地区经验等勘察资料进行整理入库，作为新项目的经验借鉴。

（三）技术架构设计

根据业务需求，系统分为数据采集层、逻辑处理层、展示操作层，用户对象分为勘察生产人员、管理者及建设方，总体业务架构如图 5-2 所示。

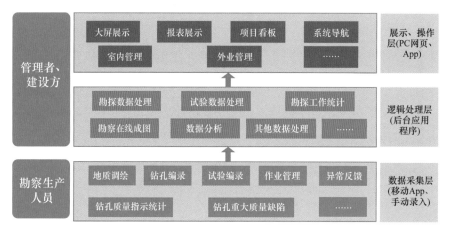

图 5-2　总体业务架构

本系统采用 HTML、CSS、JS 作为前端开发语言，JQueryExtJS 作为前端框架，Java语言及 SSH 框架作为系统业务处理及数据持久化操作，采用 MySQL 数据库作为数据服务系统，Tomcat 作为系统服务容器。各层级之间职责清晰，高内聚、低耦合，以 JSON数据格式作为前端和后台的数据交换格式。系统的技术架构如图 5-3 所示。

（四）功能模块设计

1. 总体功能划分

根据业务需求，平台需要为野外作业、项目展示、在线成图、宣传推广和数据整合提供支撑。根据前期策划成果，平台由系统层面、模块层和功能层组成。系统层包括了两大业务系统，分别为门户系统和项目管理系统。模块层和功能层的详细分级如图 5-4 所示。

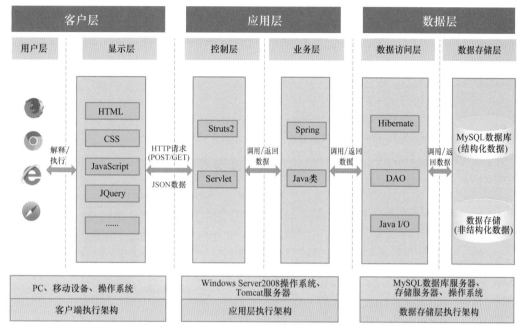

图 5-3 智慧勘察系统技术架构图

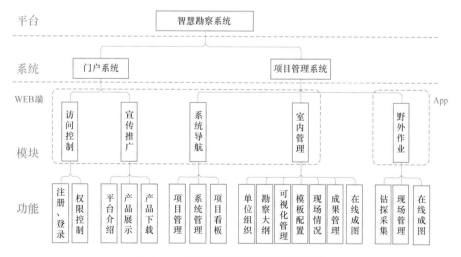

图 5-4 智慧勘察系统总体功能分解

2. 门户系统

门户系统主要用于用户注册登录和对外宣传，是用户了解平台和注册试用的窗口，需要提供注册登录、平台介绍、产品展示和产品下载等功能（见图 5-5）。

（1）建立企业用户和个人用户登录、注册入口，分别对企业和个人用户提供服务；

（2）以平台产品、案例等作为数据资源，通过视频、图片、文字信息等方式，将平台的核心内容展示给用户，实现宣传推广的目的；

（3）提供产品下载模块，让用户方便地下载软件 App 和使用手册，快速了解产品功能。

图 5-5　门户系统

3. 项目管理系统

项目管理系统主要借助网页端和移动端实现从大纲编写—任务下达—数据采集—现场管理—在线成图的全流程作业，是本平台的核心内容，主要包括系统导航、内业管理、野外作业和在线成图四大模块，各模块的功能如下：

（1）系统导航。

系统导航模块用于整个项目管理系统的管理和配置，是企业管理员进行系统配置和项目配置的管理平台，主要功能见表 5-3、图 5-6。

表 5-3　系统导航模块功能

功能	子项	内容
系统管理	本单位账户注册和管理	单位账户：由企业管理员注册，可配置企业员工个人账户，设置初始密码供登录； 个人账户：可由个人自由注册账户，注册后需要加入企业，由企业相关管理员审核
	组织机构	可由管理员自由配置企业的组织机构，并配置组织机构中的人员信息
	角色和权限管理	企业角色：由企业管理员创建，并为角色分配权限。一般跟组织机构相应，如院长、总工程师、所长、处长、主任工程师等。 项目角色：行业内规定的普遍适用的角色如勘察项目负责人、编录员、描述员、司钻员等创建为系统角色，具有固定的权限；其他角色由各项目负责人或指定管理者进行配置，并配置相应的权限
	其他企业账户注册和管理	其他企业账户：可由其他企业注册提交本单位管理员审核，或由项目管理员添加，并提供账户； 其他企业人员账户：可由其他企业的人员自主注册，或由项目管理员添加，并提供账户
	完善单位信息	本单位注册账户后，可继续完善本单位基本信息
项目管理	项目配置	项目配置包括对项目类型、阶段、类别、等级、状态、角色等进行配置，可由各单位账户管理员根据各单位业务自主配置
	质量监管	项目质量以项目记录中出现的异常及处理进行监管，需要支持自定义异常规则和管理规则。系统根据自定义的异常规则对项目中相应的记录进行判定，并记录出现的异常
项目看板	—	对各企业所有项目的所有情况进行可视化展示

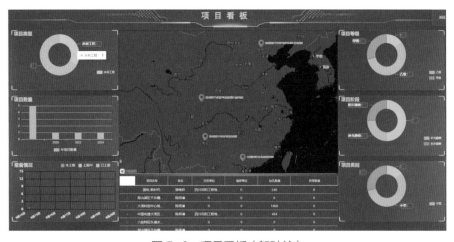

图 5-6　项目看板（驾驶舱）

（2）内业管理。

内业管理主要通过网页端实现对勘察大纲、项目组织、勘察记录、现场情况的基本管理，并建立成果管理文件夹（见表 5-4、图 5-7 ~ 图 5-9）。

表 5-4　内业管理模块功能

项目	子项	内容	备注
项目列表	—	对账户权限下的项目进行列表显示	可管理子项目
项目概况	项目看板	对勘探进度进行统计展示	
	项目概况	对项目信息、人员、单位、外业情况进行集中展示	
项目组织	项目人员	展示勘察项目部人员	
	单位组织	配置项目中涉及的单位和人员，赋予人员角色和权限	
	班组管理	管理劳务单位的班组、人员和设备	
	设备管理	项目中勘探设备的集中展示	
	通讯录	项目中人员联系方式集中展示	
项目大纲	资料预览	勘察大纲、地质平面图、钻孔平面图、基础图等上传和预览	支持 PDF 和 CAD 文件的预览
	建（构）筑物性质	上传建（构）筑物性质一览表	支持 Excel 模板
	计划任务	对勘察计划的详细布置，包括勘察区域、钻孔布置、剖面布置、钻孔分配等	
勘探记录	勘察可视化	可视化展示勘探点工作状态、基本信息和原始数据，可实时展示勘察平、剖面与柱状图	以 GIS 平台、地图和 CAD 为底图
	踏勘记录	记录 App 采集的现场踏勘信息	列表 + 图片形式
	勘探记录	对勘探孔的基本信息和野外编录以列表的形式管理	勘探记录涵盖工民建、市政（道路）、水利水电的内容
	影像一览	对钻孔野外编录中所有影像进行分类展示	
	信息反馈	对钻探工作中的异常、错误、预警等信息进行记录	
试验记录	试验任务	创建土工、物探等试验任务	
	完成记录	记录试验任务完成情况和完成后的成果	

续表

项目	子项	内容	备注
现场情况	现场记录	以照片 + 描述形式记录现场情况	
	记录管理	管理现场记录	
成果管理	—	对勘察阶段所有文件进行管理	支持创建修改文件夹
在线成图	—	在线生成钻探平、剖面与柱状图	

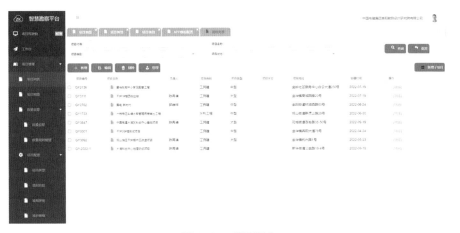

图 5-7 项目列表

图 5-8 勘察可视化

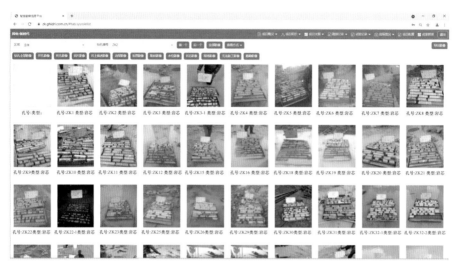

图 5-9   勘探影像记录

（3）野外作业模块。

野外作业主要通过移动端 App，实现野外作业管理，分为野外数据采集和现场管理。App 根据角色不同共分为工人（即描述员）、编录员、项目负责人、其他领导等界面（见表 5-5、图 5-10）。

表 5-5   野外作业模块功能

分类	项目	内容	备注
工人界面	钻探编录	根据分配到的钻孔列表，对钻孔进行编录	编录内容涵盖工民建、市政（道路）、水利、水电等内容
	班组管理	对各自的班组成员、设备及进出场进行记录	
	异常反馈	对工人发现异常及编录员通知异常进行处理反馈	
	进度统计	对工人的勘探进度进行统计	
	个人中心	对工人的个人信息进行编辑管理	
	通讯录	记录工人权限下的项目人员信息	
编录员界面	钻孔分配	将网页端发布好的钻孔分配到各工人所在的班组	
	钻孔验收	工人完成钻探后，将验收消息报编录员，编录员根据情况对记录进行验收，并记录验收过程	编录内容涵盖工民建、市政（道路）、水利水电等内容
	钻孔编录	在对工人钻孔记录验收后，及时根据工人的编录数据进行复核并进行岩土分层等详细编录	

续表

分类	项目	内容	备注
编录员界面	地质调绘	利用 App 对场地的地质点进行测绘记录、拍照和定位	嵌入高德地图、正射影像进行定位
	其他编录	平硐、竖井及槽探、坑探编录	
	钻孔质量指标统计	记录各回次及各岩土分层的岩芯获得率、RQD、裂隙率等	
	钻孔重大质量缺陷	专门记录及摄影溶洞、返水颜色、特殊岩性、断层物质等	
	作业管理	基于地图或 CAD 的地图，按照坐标实时展示野外作业信息，并可进行平、剖面、柱状图的生成	实现对野外作业进度和作业质量的精确把控
	基础验收	根据勘察资料，对每个基础进行信息化验收，记录验收过程，并核对勘察资料的合理性	实现基础的勘察、设计、施工过程全记录和错误反馈记录
	通讯录	记录项目人员的联系方式	
	数据反馈	将现场出现的异常反馈到工人	
	个人中心	管理个人账户信息	

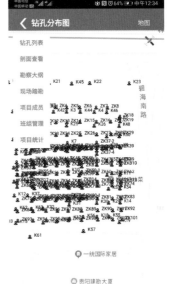

图 5-10　App 野外数据采集

二、重点功能模块

1. 数据采集模板自主配置

勘察专业覆盖市政、工民建、水利水电等工程建设的各个行业，在野外地质描述方面存在行业、地区乃至单位之间的差异，智慧勘察系统需要满足我院各行业和各地区的应用需求，需要对地质描述进行差异化布置。

各行业虽然在野外地质描述方面有差异，但工作内容大致相同，因此智慧勘察系统采用了"求同存异"的处理方式，在各行业之间取并集，按照地质调绘、钻孔编录和钻孔记录进行分类，容纳各行业的记录表单及字段，并可通过自动扩展进行配置。具体配置逻辑如图 5-11 ~图 5-14 所示。

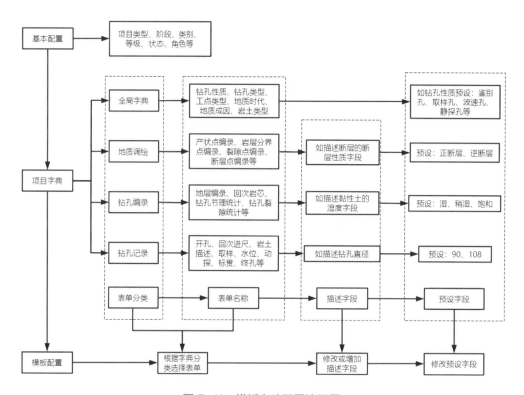

图 5-11　模板自动配置流程图

图 5-12　项目字典

图 5-13　模板配置

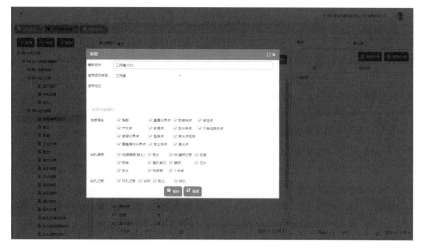

图 5-14　新增模板

通过以上灵活的自主配置技术，系统可配置出任何行业级、地区级、企业级甚至项目级标准的描述字段，适应广泛的项目应用需求。

2. 移动端钻孔数据可视化采集

对勘察数据采集从纸质化到数字化，实现的最好方式就是通过手机 App，系统基于卫星影像和电子地图进行钻孔真实位置展示，并可显示钻孔施工状态，通过 App 对钻孔各表单进行数据采集和编辑。为了提高钻孔数据采集效率，除了采用系统预设的标准描述字段外，在描述页面左侧设计了描述深度条，实时查看钻孔描述的进度状态。另外，通过手机的定位信息与钻孔实际坐标的对比，可以识别编录人员是否位于现场编录，以此进行编录质量管理（见图 5-15）。

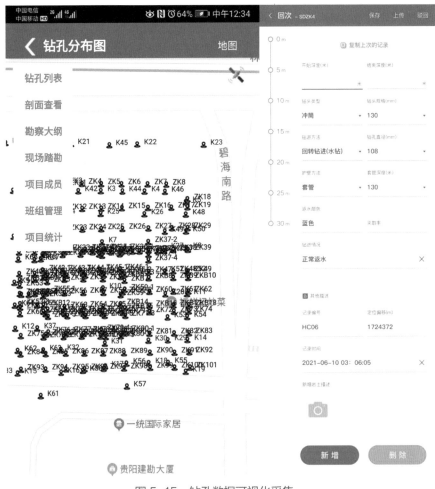

图 5-15　钻孔数据可视化采集

3. 基于 GIS 的野外地质调绘

传统地质调绘仍以人工现场踏勘记录为主，但对于高山峡谷等人所不能及的区域，非人力所能至。为解决这一难题，同时提升野外地质调绘精度和效率，该系统基于 GIS 平台，借助无人机倾斜摄影模型实现数字化野外地质调绘。可在进行地质调绘工作前采用无人机采集较高精度和分辨率的倾斜摄影模型，再基于 GIS 平台在倾斜模型上进行地质内容的标绘，以此可完成约 80% 的野外地质调绘工作，并可为余下的实地踏勘记录做重点标绘。在进行现场调绘数据复核时，通过搭载 GIS 平台的移动端，加载正射影像、倾斜模型、CAD 图纸、区域地质图等为底图，并通过连接 RTK 或采用定位模块进行高精度定位，以实现高精度的地质调绘。调绘所记录的内容可通过网络实时传入服务器（无网络时可存储至本地，待有网络再上传），并可通过 GIS 平台用于地质成果图件的绘制（见图 5-16）。

图 5-16　基于 GIS 地质调绘

4、Web 端及 App 同步自动成图

在进行数据采集后，勘察工作人员需要通过可视化的方式了解地层状况，智慧勘察系统通过 Web 端和 App 的自动成图技术以满足这要求。系统通过搭载 CAD 控件，连接数据库自动成图，可自动生成勘探平面布置图、地质剖面图和地质柱状图，用于现场地质分析。为了满足工业与民用建筑行业对建议基础底标高的设计需要，系统支持自动绘制和修改建议基础底标高，以此判断钻孔深度是否满足要求，以及时修改勘探孔深。为保证二维地质剖面地质连层的合理性，系统研究开发了二维自动连层的算法，按主

层——亚层——次亚层的顺序绘图，兼顾考虑地层尖灭、透镜体、溶洞等特殊地质构造。

为使地质剖面连线更加合理美观，还开发了样条曲线地质连层的方法（见图 5-17）。

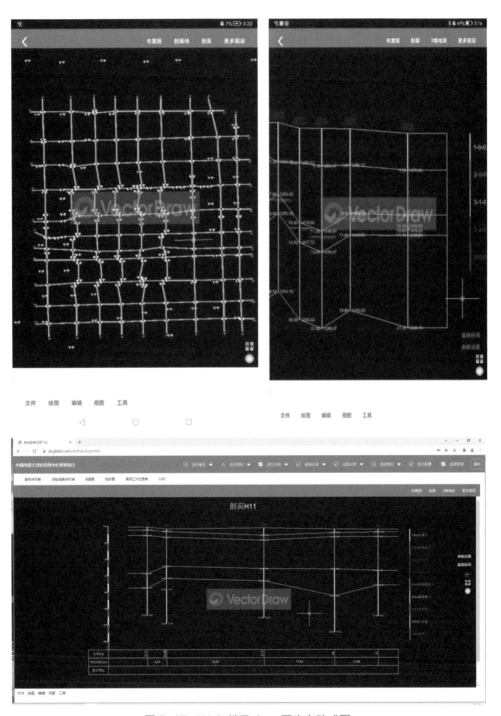

图 5-17　Web 端及 App 同步自动成图

5.三维地质模型与 GIS 融合

在 GIS+BIM 综合展示或数字孪生方面，以 Revit 为主的结构设计模型能与 GIS 平台有较好的交互性，但三维地质模型在 GIS 平台交互应用相对较少。智慧勘察系统通过对三维地质模型的切片处理，可以快速导入 Mesh、Nubrs、四面体、六面体等网格的三维地质模型，支持 eff（EVS 地质模型）、obj、fbx 等多种格式的模型文件，支持 EVS、理正、CnGim_ma、GoCAD 等软件建立的模型（见图 5-18）。

图 5-18　GIS 加载勘察模型

6.GIS+BIM 地上地下综合展示

智慧勘察系统采用开源的 Cesium 平台为 GIS 平台，通过二次开发实现 GIS+BIM 地上地下综合展示，可将地下地质模型、地表倾斜模型和地上结构模型通过真实坐标合并展示，并可展示勘察过程数据、成果图件等，实现工程勘察二、三维多源数据耦合的展示和综合分析（见图 5-19）。

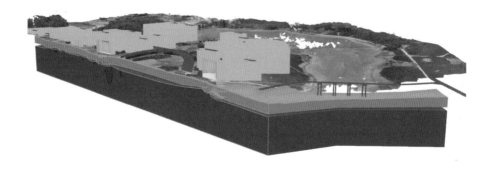

图 5-19　GIS+BIM 地质模型综合展示

三、系统应用展示

应用智慧勘察系统进行了野外数字化地质调绘、钻孔数据采集、在线成图、三维地质建模、GIS+ 勘察 BIM 综合展示等，完整实现了勘察全过程内、外业一体化作业。

1. 项目管理

管理项目所在的单位组织、班组等，指导勘察现场作业（见图 5-20）。

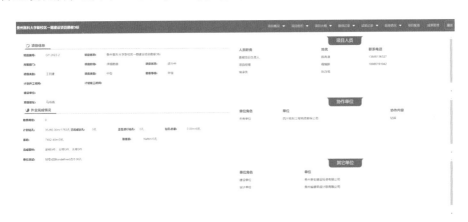

图 5-20　项目基本信息管理

2. 勘察策划、野外数据采集

项目基于智慧勘察系统进行了勘察钻孔设计、钻孔任务分配和 App 数据采集（见图 5-21）。

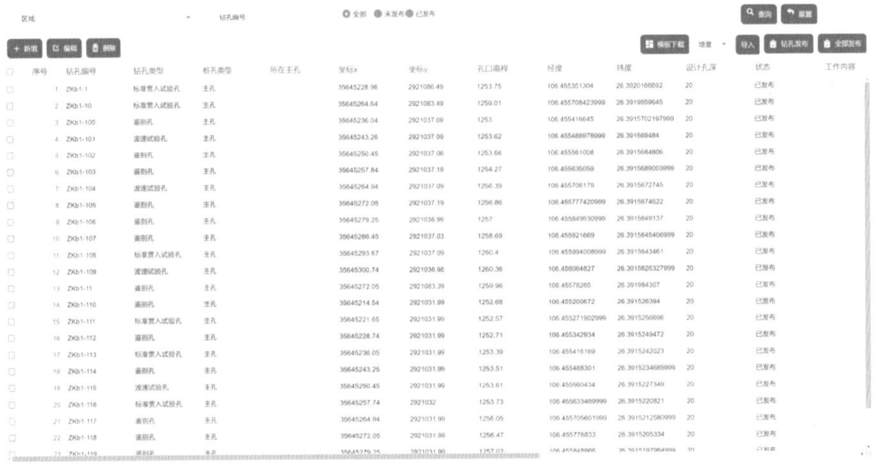

图 5-21　钻孔设计和发布

3. 勘察可视化管理和在线成图

数据采集传输至服务器后，在 Web 端进行勘察数据的可视化展示，和在线成图（见图 5-22）。

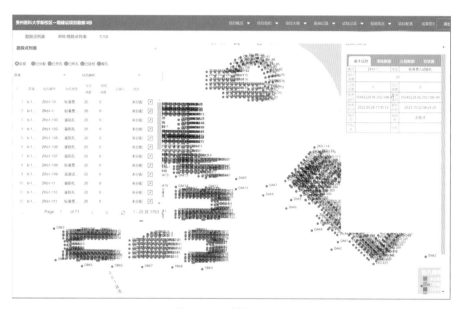

图 5-22　勘探可视化

4. 三维地质建模和 GIS 三维展示

在完成勘察外业后，利用采集的数据进行三维地质建模，并基于 GIS 平台融合倾斜摄影模型、勘察模型和建筑模型进行综合展示（见图 5-23 ~ 图 5-26）。

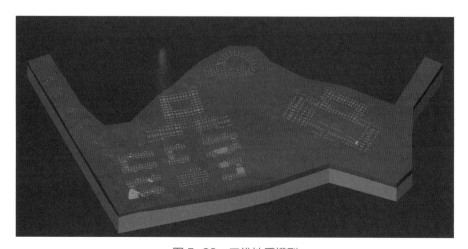

图 5-23　三维地质模型

图 5-24　GIS+ 钻孔 + 建筑模型表达

图 5-25　GIS+ 地质模型 + 建筑模型表达

图 5-26　地下地质情况展示

第六章　工程移民规划与 GIS

第一节　概　　述

工程移民专业主要收集利用规划、水工、施工、环保等专业成果，根据工程规模和特点，在符合国家相关政策法规、规程规范的前提下，完成移民规划大纲、投资规模、移民搬迁方式、后期扶持和移民监理等专业化技术服务工作。工程移民是民生大事，国家高度重视，随着信息技术的发展，移民专业工作向信息化、可视化方向不断发展，GIS 技术可以为工程移民规划提供全面技术服务，通过开发建设工程移民管理系统实现工程移民工作信息化管理，同时，可为地方政府提供区域工程移民综合管理服务。

一、工程移民专业工作概况

工程移民专业工作主要包括工程预可行性研究、可行性研究设计和移民规划实施阶段。其中，预可行性研究设计阶段重点画定红线范围，开展抽样调查，编制初步工程移民方案，估算工程移民费用；可行性研究设计阶段是移民专业工作的核心，包括停建令实施后工程航空摄影、实物指标调查、移民安置规划报告编制等工作；移民规划实施阶段按照审定的项目移民安置规划报告组织实施。工程移民专业主要技术工作流程如图 6-1 所示。

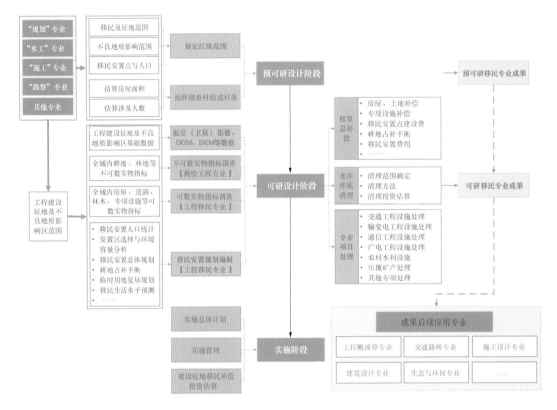

图 6-1　工程移民专业主要技术工作流程图

二、工程移民专业 GIS 应用现状

工程移民专业 GIS 应用方向主要集中在以下方面：

1. 工程移民规划

GIS 可以提高移民规划编制效能，使得成果表达更直观、规划更全面、更具操作性。例如，传统移民安置点选址主要依靠纸质资料成果开展野外踏勘、征求专家意见和移民意愿调查等手段开展选址工作，移民安置点选址具有明显的地域空间特性，传统选址决策未能表达出地域空间特性，然而采用 GIS 空间数据处理和管理技术可以为移民安置点选址提供强大的技术支持和科学、先进的决策依据。

2. 移民安置实施管理

工程移民实施任务繁重，移民安置进度和实施质量直接关乎主体工程进度、效益发挥和地方长治久安等，移民安置管理包括搬迁安置、后期扶持策划、生产开发、计划、统计、财务、物资、文件档案等管理内容。从管理环节上看，可以分为资金管理、进度管理和质量控制。开发移民实施管理系统具有支持实施进度安排，详细实施计划编制，监督移民计划实施操作，监督移民安置的质量、进度、资金使用合规性等功能。

3. 工程移民监理和安置效果评价

工程移民安置区社会经济重建和恢复时间长，例如，某项工程实施移民后，其移民安置效果，移民生产生活恢复和提高情况，对此要进行监测和评价，根据监测评价结果改进移民安置工作。开发移民监测评价系统具有决策支持移民生产生活水平跟踪调查，分析评估，资金使用，开发项目的效果评估与监测，对搬迁安置与移民社会经济系统重建实施进度评估与监测，移民安置综合评估与监测等功能。

4. 工程移民综合管理

国家有关部门和省（区）级移民主管机构负责多个在建工程的移民安置和已建工程的移民经济开发工作，业务工作综合性强、内容繁杂。因此，建设工程移民支持系统非常必要，主要用于机构管理，文件管理和档案管理等工作。

第二节　GIS 在工程移民的场景应用

工程移民专业引入 GIS 技术可全面改进现有工作模式，提高工作效率，前期实物指标调查利用内置 GNSS 手持设备快捷高效地完成调绘工作，确定初步征地赔偿方案，成果电子化后通过空间叠加分析，自动统计地类。以影像作为公认时间节点开展工作，避免纠纷，提高工作效率。此外，GIS 还可应用于移民监督、设代、后期扶持与区域规划等场景（见图 6-2）。

在充分调研工程移民专业需求基础上，以 GIS 技术为手段，建设工程移民专业 GIS 应用系统，主要实现工程移民数据采集、数据处理、可视化展示、工程移民建设管理等功能。为大中型工程规划、设计、施工、运营全生命周期管理应用提高专业协同能力，确保实现工程项目建设目标，提升工程移民专业工作效率。

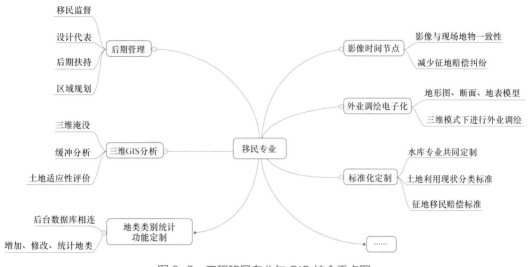

图 6-2　工程移民专业与 GIS 结合重点图

一、基于移动端的工程移民数据采集

　　基于移动端的工程移民数据采集系统实现导入工程地形三维模型、征地范围线、土地利用现状、工程移民相关数据等，支持工程现场开展实物指标调查，完成工程移民专业和测绘专业移民外业数据采集工作。利用系统（可配置高精度 GNSS 接收机）现场开展可数类型实物指标调查，拍摄现场照片，测量实物指标数据，输入实物指标属性等资料直接存入系统。现场进行像控点测量，像片调绘，不可数实物指标测量，土地实物指标面积计算、分类、汇总和统计等工作，成果可实时或不定时上传至系统服务器。

二、基于 GIS 的二三维一体化工程移民数据处理

　　基于 GIS 二三维一体化工程移民数据处理系统，支持融合工程基础测绘数据和工程移民专业数据，具备工程移民专业 GIS 时空分析应用，能够实现 GIS 数据与 AutoCAD、BIM 等数据格式之间的转换，可供工程移民专业和测绘工程专业在工程勘测设计各阶段使用。

　　工程移民专业在预可行性研究设计阶段，利用工程移民数据处理系统下载现场抽样数据，数字地形图、正射影像图等资料开展实物指标概查，获得概查成果。可行性研究

设计阶段使用工程移民数据处理系统实现移民数据统计分析，辅助移民规划方案设计，移民数据动态管理三大目标。

（1）从系统下载可数和不可数实物指标调查成果，编制、汇总不同工程方案实物指标调查和相应图表成果（移民数据统计分析功能），实时或不定时上传至系统服务器供专业校审后与其他专业共享；

（2）利用工程移民数据处理系统和 GIS 公共服务平台开展工程移民安置方案总体设计和复建工程方案总体设计（移民规划方案辅助设计功能），可实现从方案规划、设计、实施全过程进行数值模拟分析和评估（如工程影响范围分析、移民安置方案分析、投资补偿费用分析等），为工程移民规划方案编制提供基础数据，提高移民安置规划编制深度和效能，使得移民规划方案编制内容更全面、成果更直观、实施更具操作性，成果实时或不定时上传至系统服务器供专业校审后与其他专业共享；

（3）工程移民数据同时具备空间和时间属性，系统可完成工程规划、设计、施工、运营各个阶段不同时间段的移民数据查询、分析、统计及可视化展示，动态更新（移民数据动态管理功能）等管理工作。移民规划实施阶段 GIS 服务内容与工程施工建设阶段一致，实现工程移民规划设计成果三维展示与提交、工程移民监理、工程移民实施情况监控、及时上传移民工程竣工资料等，全方位参与移民工程实施管理。

测绘工程专业在可行性研究设计阶段使用工程移民数据处理系统，基于工程区高分辨率正射影像图或工程实景三维模型，现场开展工程不可数的移民土地实物指标调查、测绘、现场拍照，以及编制、汇总统计工程不同方案的不可数的土地实物指标调查和图表成果，绘制工程移民征地图（丘块图）成果，实时或不定时上传至系统服务器供工程移民或其他专业共享，同时可以按照已建立专业成图模板生成工程移民征地分幅图（丘块图分幅图）。

三、工程移民成果汇报展示

工程移民专业成果（包括工程设计方案、用地红线、实物指标调查数据、移民安置规划设计方案、复建工程规划设计方案和移民安置规划方案等）需要提交给项目业主审查和项目所在地移民管理部门评审批复，成果汇报展示效果十分重要。工程移民成果基于工程区域二维地图、三维地图（DEM+DOM）或实景三维模型等方式进行展示，可实现工程设计方案和用地红线基本情况汇报，工程用地实物指标调查成果汇报（包括空间位置、现状影像、统计图表、相应补偿费用等成果查询与展示），工程移民安置设计多方案对比汇报（包括移民安置点设置、安置点布置方案与安置容量、安置点交通及水电、安置点工程量、安置点建设费用等），复建工程设计多方案对比（包括复建设施类型、复建方案、复建工程量、复建投资等），现场可根据评审专家、与会人员意见在工程区实景三维模型上对设计方案（如复建道路、输电线路等）进行调整，即可获得调整后方案工程量估算，配合工程移民安置规划方案进行汇报，达到现实感和互动性极强的效果。

四、工程建设征地移民管理

根据工程移民专业建设征地移民管理需求和主要工作内容，实现工程管理、实物指标调查、移民安置规划、移民安置实施、后期扶持、档案管理、数据分析、其他业务等主要功能，通过开发工程建设征地移民管理系统，实现工程征地移民业务的流程化和管理工作的信息化。

第三节　工程移民专业数据库设计

工程移民专业将工程移民相关的成果资料采用建设数据库管理的模式，数据库建设内容满足国家和地方的法律法规、规程规范，包括工程相关设计资料，用地红线，空间规划资料（如土地利用现状资料、生态红线、保护区红线等），项目相关移民设计资料（包括停建令后工程航空影像、DEM、前期移民成果等）等内容，数据库管理系统实现对工程移民相关数据的录入、编辑、更新、查询和显示、移民空间分析和移民安置规划辅助制图等功能，并可在工程二维地图、三维模型上显示。

工程移民数据是开展移民工作的重要信息支撑，主要包括结构化和非结构化数据两种类型。工程移民专业模块通过对基础测绘数据库和移民专业数据库的管理，实现工程移民数据可视化，充分利用结构化和非结构化数据，挖掘数据潜力，更好地服务于工程移民工作。此外，基于 GIS 在数据收集、管理、统计、分析、查询展示等方面的优势，移民专业数据库包括通用法律法规和规程规范库、国家和地方相关空间规划资料库和工程相关基础数据库、移民专题数据库等，数据库的建立确保了移民数据的时效性、准确性和统一性。

根据数据接口规范及工程移民相关标准文件，统一数据标准模板，增加工程移民属性表，包括：

（1）工程信息：YM_工程信息属性表；

（2）农村集镇：YM_人口调查属性表、YM_土地信息属性表、YM_房屋及附属设施属性表、YM_零星树木信息属性表、YM_坟墓信息属性表、YM_农村小型专项信息属性表、YM_个体工商户信息属性表；

（3）基础数据：YM_移民安置意愿调查属性表、YM_搬迁安置调查属性表、YM_家庭收入调查属性表、YM_村组调查属性表；

（4）专业项目：DC_城市集镇调查、DC_企事业单位调查、DC_水利设施调查、DC_公路设施调查、DC_输电设施调查、DC_变电设施调查、DC_铁路调查、DC_水运航道调查、DC_水运中转站调查、DC_水运码头调查、DC_水利水电设施调查、DC_电信线路调查、DC_电信基站信号塔调查号塔、DC_广播电视设施调查、DC_气象站调查、DC_文物古迹调查、DC_矿产资源调查、DC_文教卫及宗教设施调查。

第四节　关键技术

一、移民调查数据库标准化

为了更好地组织、存储和管理移民测调有关资料，采用 GIS 和数据库技术，结合空间数据特性和数据库设计标准，依据工程移民专业实际工作开展情况，完成数据库需求分析、概念结构设计、逻辑结构设计和物理结构设计后建设标准化数据库，实现移民资料管理和维护的电子化、信息化、智能化，便于与其他各专业进行数据共享，提升移民成果资料的使用价值。

二、实物指标调查多元化

传统实物指标调查需到实地开展测绘调查工作，随着无人机航测技术发展，可以采用航测正射影像或倾斜摄影成果对实物进行调查和测绘，实现基于实景影像或三维实景模型的实物指标调绘，较传统方法省时省力，使得实物指标调查方法变得多元化。在实物指标调查结果确认核实阶段，实景影像和三维实景模型更容易让人接受和认可。

三、移民测调工作信息化

基于移民测调工作流程，采用 3S 和互联网技术研发移民测调桌面端、Web 端和移动端三个子系统，规范化移民测调业务，实现移民数据数字化采集和信息化管理，同时，可以实现调查资料实时传输、调查工作任务分派、工作人员管理等功能，使得实施过程管理有迹可查，可以实时了解工作进度，实现移民测调工作管理信息化。

第五节　系统开发实践

根据工程移民专业在项目规划、设计和实施过程中的工作任务，结合相关规范标准，统一数据标准，建设用于规范化存储生产过程中相关数据的标准化数据库。依托于专业技术流程，为实现测调工作一体化开发了基于 GIS 工程移民测调系统，满足水利水电工程建设征地移民实物指标调查、生产、建库和管理等工作需求，推进工程移民时空信息成果多专业间协同设计和共享。本节主要对工程移民测调系统开发建设情况、重点功能模块进行介绍，并运用实例对系统的应用情况进行说明。

一、系统简介

工程移民测调系统主要包括桌面端、Web 端和移动端，各系统简介如下：

（1）以 EPS 地理信息工作站为基础，建立基于倾斜摄影 + 正射影像二三维一体化工程移民测调系统桌面端。其满足从源数据整合、数据采集与编辑、内业数据生产、成果核检、图表编制到数据建库的全流程业务数字化、信息化处理和管理需求，可用于工程移民内业数据的生产和数据库建设。采用基础地理信息数据，数据高程模型、正射影像和工程移民专题信息建设基于工程时空信息的实景三维电子沙盘，可用于多专业数据共享和协同设计，也可以用于各设计阶段成果汇报。

（2）建立基于工程移民项目管理系统 Web 端。使用"项目→ 任务→ 作业"三级结构化管理模式，实现对工程移民项目的规范化管理。

（3）建立基于工程移民测调系统移动端。与桌面端二三维一体化工程移民测调系统可通过内部网络查看执行桌面端下发的工作任务。与外部 RTK 设备通信，获取要素位置。移动端可以实现基本绘图、属性录入、拍照、签字、多媒体信息采集等功能，满足工程移民外业测调工作的要求。

系统功能结构如图 6-3 所示。

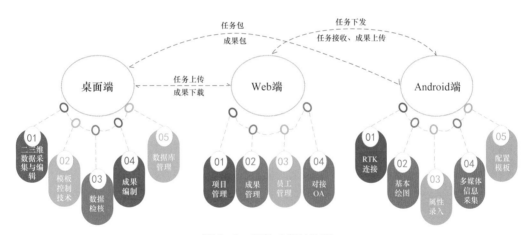

图 6-3　系统功能结构图

系统架构横向包括 EPS 地理信息工作站、Web 端工程移民管理模块和 Android 端工程移民测调模块（外业 App）三大模块。系统架构纵向包含从任务划分、任务上传下发、任务接收下载、外业调绘、外业成果回传、成果分发下载到内业生产入库的全业务流程。如图 6-4 所示。

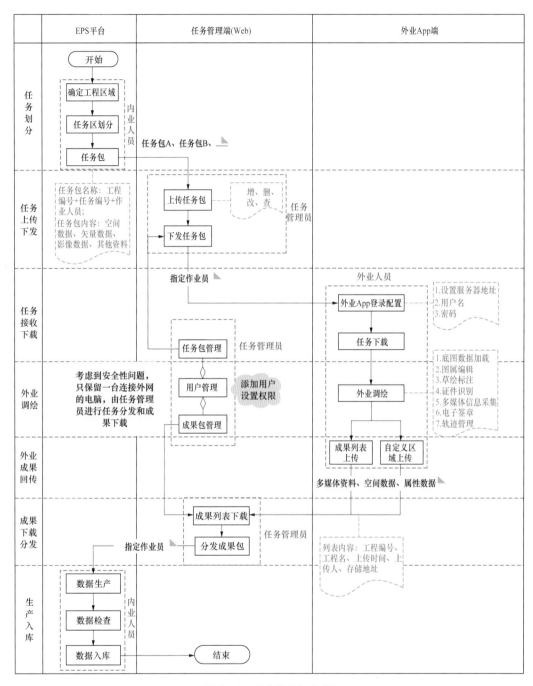

图 6-4　系统总体架构图

二、重点功能模块

（一）桌面端移民测调系统系统

桌面端移民测调系统功能模块设计以现行 EPS 地理信息工作站为基础，主要实现数据整合、数据采集与编辑、三维测图、导出外业任务包、导入外业成果包、数据检查、成果编制、数据库管理等功能。主要功能介绍如下。

1. 数据整合

数据整合支持导入 Shp、Arcgis Mdb、Udb、Edb、Dwg、Dxf 等常见数据格式,如地形图、土地利用数据等,并支持数据编码转换、符号自动匹配、字段属性正确匹配功能。

2. 数据采集与编辑

实现多源数据数据采集,包括正射影像、倾斜模型、外业实测坐标展点等数据(见图 6-5 和图 6-6)。

图 6-5 倾斜实景模型测图

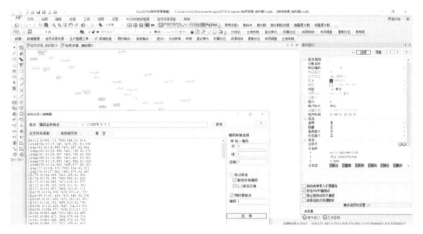

图 6-6 外业实测坐标展点

实现平移、旋转、裁剪、延伸、打断、镜像、合并、分割、属性继承等编辑功能，以二三维一体、图属一体、生产入库一体的形式管理模式极大地提高了编图效率。

3. 三维测图

系统支持加载 OSGB 倾斜模型、超大影像（tif）后进行三维采集和编辑，包括：模型文件切割、调整矢量高程、左（右）ctrl 采集房屋、五点房、院落分割法、房角采集、多点拟合求交、提取高程点等。

4. 导出外业任务包

支持两种方式导出外业任务包（文件夹或 zip 压缩文件），导出的外业任务包可加载到外业 App 中，进行浏览编辑。

方式一：全 edb 工程导出；

方式二：根据工程区域范围进行有选择地导出，如图 6-7 所示。

图 6-7   按范围线导出项目包

5. 导入外业成果包

支持两种方式导入外业成果包，外业 App 中导出的成果包可直接加载到内业 edb 中，成果包括空间图形和属性信息。

方式一：追加导入成果包，导入时根据唯一标识进行判断，自动识别新增、修改、不变、删除的数据；

方式二：覆盖导入成果包，删除 edb 中原数据，一键导入成果数据（见图 6-8）。

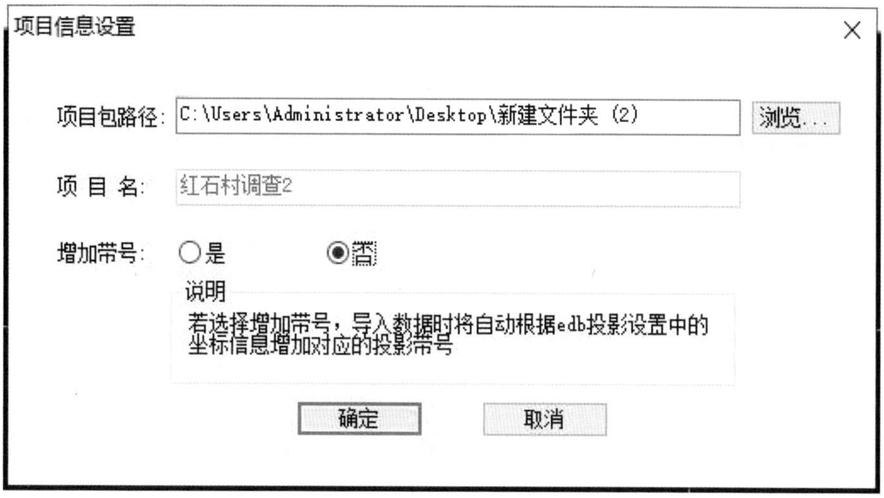

图 6-8　导入外业成果包

6. 数据检查

针对工程移民数据，进行数据标准化、空间逻辑正确性检查，并提供部分检查修复工具。主要包括如下具体检查（见表 6-1）。

表 6-1　数据检查内容表

常规检查项	
数据合法性检查	检查地物编码合法性、层码一致性和层码合法性检查
重叠地物检查	检查图中地物编码、图层、位置等相同的重复对象
空间逻辑检查	检查数据的空间逻辑性的正确与否。包括：①线对象只有一个点；②一个线对象上相邻点重叠；③一个线对象上相邻点往返（回头线）；④少于 4 个点的面；⑤不闭合的面。此检查需设置相邻重合点的最大限距（缺省值 0.001m）
自交叉检查	检查自相交错误
面交叉检查	交叉线检查是用于检查指定编码的房屋、地块线等是否有交叉情况。房屋、地块理论上不能交叉，若出现交叉会造成面积计算错误。在参数设置对话框中输入检查的名称，输入交叉线的主编码和参与求交的编码，主编码和参与求交编码一般为一致；出现如下情况是不一致，如台阶 2321 不能和房屋 2110 相交。则主编码为 2321，求交编码为 2110。有多个编码时在编码间用逗号分隔

常规检查项	
悬挂点检查	悬挂点检查是用于检查图中地物（如房屋、宗地）有无悬挂点。悬挂点是指因该重合而未重合，两点之间或点线之间的限距很小的点。在参数设置对话框中设置悬挂点限距（一般最大为图上 0.1mm），按"确定"将参数保存到检查中。系统容许设置悬挂点最大限距值为图上 0.5mm，准确度 50%
高程点与等高线值矛盾检查	检查高程点与等高线之间位置、高差是否匹配，（等高线密集区域不能有错，零散、乱掘地区区域可以不用处理）
等高线检查	等高线矛盾检查是用于检查三根相邻的等高线值是否矛盾。在参数设置对话框中输入等高线层名与编码、地性线层名，以及最大、最小高程值，除海边有零值外，其余需要赋值。准确度 80%（等高线密集区域不能有错，零散、乱掘地区区域可以不用处理）
数学精度检查	
测点精度检查	平面点位中误差检查 点位高程中误差检查
量边精度检查	平面边长中误差检查
自动修复项	
非法空间数据修复	非法空间数据修复是对块图中检查出来的空间数据非法性进行自动修复。包括：①线对象只有一个点的将删除线；②一个线对象上相邻点重叠的删除多余相邻点；③一个线对象上相邻点往返（回头线）的删除多余点。此功能以"空间数据逻辑检查"的结果为基础。此检查需设置相邻重合点的最大限距（缺省值 0.001m），成功率 99%
地物重叠对象修复	地物重叠对象修复是对检查出来的点、线、面、注记四类对象编码、层一致、位置也一致的重叠对象进行删除。此功能以"重叠对象检查"的结果为基础。此检查无须设置参数，直接添加到执行检查功能列表中使用。成功率 80%

7. 成果编制

输出"土地信息（按地区统计）、实物指标调查总表、房屋及附属设施（按地区统计）、房屋及附属设施（按户统计）"等统计报表。

8. 数据库管理

（1）征地移民数据标准建立。根据《水利水电工程建设征地移民实物调查规范》《数据接口规范》及业务生产需要，通过模板控制技术，在原 1:500 的基础地形图模板的基础上增加征地移民业务要素，形成一套数据库标准。

（2）征地移民数据库建立。根据模板自动生成全要素图，使用 PDB 出入库脚本自动输出建库模板 ArcGIS PDB，登录 SDE 数据库，由建库模板 ArcGIS PDB 自动创建 ArcSDE 数据库图层（见图 6-9 和图 6-10）。

图 6-9　创建图层

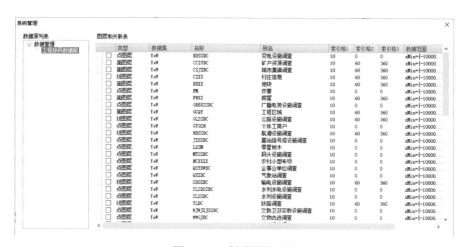

图 6-10　创建图层列表

9. 用户管理

数据库用户管理，主要指超级管理员可对数据库管理系统中进行用户的查找、增加、删除，以及制定权限级别角色的管理功能，并且可以设置用户登陆名称、口令、口令失效时间，用户的所属单位和工作岗位等信息。

10. 角色与权限管理

实现角色分配和应用权限设置，系统管理、数据出库、数据入库和地图浏览的权限分配等功能。可对不同的角色设置不同权限，例如：可设置数据库操作、数据下载、数据入库、每天数据下载量、下载图层、更新区域管理等权限。

11. 日志管理

将用户对数据库操作的信息自动记录数据库日志信息中，可以记录用户信息，对数据库操作的时间，操作的事件名称等，并且可对用户上传下载、下载数据总量等进行统计，并提供查询浏览功能。

12. 数据入库更新

实现数据的初始入库，更新区域上传下载、数据更新入库等。

（二）Web 端项目管理系统

1. 项目管理

（1）新建项目。新建一个项目，录入项目信息包括：项目名称、项目描述、项目负责人、项目开始时间、项目结束时间。项目状态会根据任务包的上传下载的情况发生变化。

如果某一个项目信息录入有误，可以在项目列表中找到该项目，点击项目编辑进行修改。

（2）新建任务。打开项目的任务列表，新建任务，录入任务信息，包括任务名称、任务描述、任务发起人、任务发起时间、任务要求完成时间。

（3）新建作业。默认状态下一个任务里有一条作业对应一个作业人员进行作业，录入作业信息，包括作业名称、作业描述、作业状态、作业要求完成时间、作业接收人。如果一条任务需要多个作业人员同时作业，则需要增加作业以及指定不同的作业接收人。

（4）上传任务。在项目列表中，点击上传文件，选择要上传的任务包进行上传。

2. 成果管理

使用相同的账号登录 Web 端，在成果管理中进行成果下载。

3. 系统管理

（1）单位管理。录入将要进行移民项目调查的单位信息，可以设置平级单位或下级单位。

（2）部门管理。对负责某项目的单位所涉及的部门进行录入，例如工程部、行政部、测绘部等。

（3）角色管理。添加角色，一般有包括系统管理员、外业人员、内业数据处理员等。

（4）用户管理。添加用户，录入个人信息，包括姓名、性别和电话等信息，选择单位，部门以及角色。如果添加一个用户点击保存按钮即可，如需添加多个用户，那就点击保存并继续添加即可。

（5）OA 对接。当 OA 系统中人员或部门信息发生变动，调用征地移民接口进行实时同步。

（三）移动端移民测调系统

可以打开内业作业底图，与 Web 端衔接，接收作业、上传作业结果。配置构建外业调绘模板，满足画点、画线、画面、加注记等绘图操作。支持删除、加节点、删节点、平移、注边等编辑处理。工程移民相关属性表的信息浏览和录入，满足拍照、签字、证件识别、录视频、录音等多媒体信息的采集，可以采用蓝牙或 Wi - Fi 方式连接 RTK 开展外业实测工作。

1. 系统启动与授权

直接启动软件 App。启动软件后，每一个 Android 系统会自动生成唯一的设备 ID，然后手动输入一个用户名，授权通过即可使用。

2. 下载任务

（1）在项目列表里面选择切换到对应项目。

（2）在在线任务列表中，选择作业进行下载，系统自动将任务包进行导入。

3. 外业调绘

（1）地物绘制。如果需要根据实地情况进行一些地物的绘制，点击"+"按钮，可选择两种绘制方式，点画线和传统绘图，选择一种方式然后选择地物类别，开始绘制地物。

（2）信息补录。选择某一地物，查看属性，进行调查核实，如果有缺失的信息则需要进行补录。

（3）证件识别。选中地块，点击下方"属性"按钮，进入属性录入界面，补充录入家庭成员信息。通过"+"按钮，可添加多个家庭成员表，录入多个家庭成员信息。通过"拍摄身份证"按钮，可拍摄身份证正反面并自动识别家庭成员的名称、证件号、通讯地址信息，属性录入完成必须点击右下角确定按钮进行保存。

（4）现场照片。选中地块，点击下方"属性"按钮，进入属性录入界面，将工具条切换到资料拍摄，进行身份证、户口本、权属来源证明、房屋等照片的拍摄采集。

（5）签字确认。如果有实际需要，被调查人在调查结束过后可以进行签字确认。

4. 成果回传

待全部调查完毕确认无误后，点击在线任务选择当前任务进行成果回传。

三、系统应用展示

系统已在 RM 和 BDa 等大型水电站工程的征地移民工作中投入使用，采用 Android 端工程移民测调系统开展外业实物调查，调查成果为编制工程移民初步方案和费用估算提供基础数据，同时为移民方案比选和移民安置规划编制提供基础资料（见图 6-11）。

图 6-11　外业实物调查

项目采用无人机低空航摄系统进行航摄作业，获取作业区域内精度高、现势性强的影像，利用专业实景三维建模软件进行实景三维模型构建，作为野外作业的工作底图。

采用移民测调系统软件中的指界人拍照工具，启动摄像头，对现场指界人员进行拍照留证。加载相应的正射影像或倾斜模型，指界人及四至地块权利人同时参与指界，确保指界工作合法有效。技术人员采用地块图斑勾绘工具对指界地块进行勾绘，软件对地块自动进行编码分层和面积计算（见图6-12）。权利人及地块信息（包含权利人姓名、户号、地址、电话、地块名称、地类、地块编码、工程部位、征地性质等）在指界及地块图斑勾绘后录入。地块勾画完成，点击"表格输出"，可选择相应户号或全部输出（见图6-13）。在指定文件夹中生成以户号＋姓名命名的子文件夹，权利人的照片和确认表等资料存放于对应文件夹中。打印测量面积确认表，四方（业主方、设计方、地方政府、权利人）签字按手印确认。

图6-12　地块边界勾画

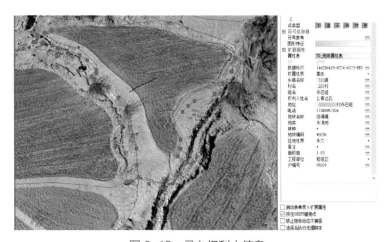

图6-13　录入权利人信息

就实际生产阶段而言，该系统可为移民专业在项目预可行性研究设计、可行性研究设计、移民规划实施阶段提供技术支持和数据服务。

第七章 水文水资源与 GIS

第一节 概　　述

针对大中型水利水电工程建设项目，水文水资源专业主要通过收集项目涉及区域内水文、气象、水位、地形、植被、生态等相关资料，进行相关水文分析为水能专业等提供径流、洪水、泥沙、水位流量关系、库区蒸发量以及运行期水情等相关数据。水文专业的技术流程如图 7-1 所示。

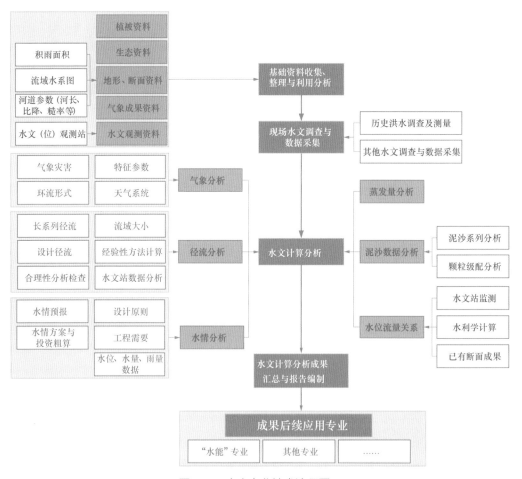

图 7-1　水文专业技术流程图

水文水资源本质是研究水在时间和空间上的变化规律。水文水资源的学科特性与地理信息系统有天然的联系，因为地理信息系统能为地球上的任何空间对象提供数字表达形式，核心是空间数据和属性数据。20 世纪 80 年代初，地理信息系统逐渐被应用于水文与水资源专业领域。随着信息技术的飞速发展，地理信息系统技术与水文水资源领域的结合也更加地紧密和广泛，充分发挥出了地理信息系统的技术优势，有效提高工作质量和效率。

第二节　GIS 技术在水文水资源的场景应用

地理信息系统已在水文水资源领域中得到了广泛的应用，例如应用 GIS 进行水文资料整编；应用 GIS 辅助洪水灾害工作；应用 GIS 进行分布式流域水文模型研究；将 GIS 技术应用在流域规划、防洪规划等水文规划项目中，以及在国内外广泛开展的"数字流域"建设等。通过对水利水电工程规划专业工作流程分析，GIS 时空分析技术要从图 7-2 的几个方面辅助水利水电工程规划专业开展项目规划工作。

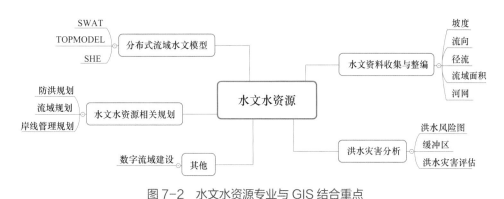

图 7-2　水文水资源专业与 GIS 结合重点

一、水文数据管理

在进行中大型水利工程规划前期，特别是数据量大时，GIS 技术可以有效整合海量数据，为水文水资源情报预报系统的设计及运转提供了重要的理论依据。通过充分发挥 GIS 技术功能，可以扩大水文数据提取范围和确定水文水资源空间数据模型参数，对这些数据进行全面整合及编辑，使后期在水文情报预报、水文分析计算等工作更加精准，有效提升水利水电工程的前期规划效率。通过配合使用 DEM 数据，全面检测水文水资源实际信息，促进水文水资源领域研究工作高效开展，例如基于 GIS 在选定水利工程坝址的前提下计算库容曲线，提取一个特定流域的坡度、坡向、流向、河网、流域面积等数据。

二、洪水灾害分析

洪水灾害分析是贯穿水利水电工程规划、设计、运营全过程的，也是流域管理的重要部分。GIS 系统收集并描述的水文水资源空间信息可以为防洪信息管理系统决策支持平台的构建提供重要理论依据。同时，GIS 技术的空间分析能力还能够得出地区水文水资源防洪减灾需求是否得到满足，优化各类参数。通过充分利用 GIS 系统平台，进行洪水风险分析，通过 GIS 可视化防洪减灾决策方案，决策部门迅速采取科学高效的应急行动，保障水利水电工程安全平稳运行，最大限度地降低洪涝灾害对地区发展造成的不利影响。

在洪水灾害评估完成后，地理信息系统还可对灾害风险进行全面分析。结合地区洪水灾害发生规律以及影响程度，计算并评估洪水损失量。借助 GIS 技术以及自然、地理及社会因子，对此因子进行权重空间叠加，构建起多灾害模型。还可以利用 GIS 系统空间分析功能，深入剖析流域上下游之间关系，对地理信息数据进行叠加以及多边形合并，设计出最为合理的缓冲区，为今后流域防洪减灾工作提供重要技术支持。

三、分布式流域水文模型

中大型水利水电工程的流域面积都较大，大多数都使用分布式流域水文模型制定水文预报方案。基于 GIS 的数字地形模型（DTM）和数字高程模型（DEM）存储的地形信息可以自动化提取流域水系信息参数。通过 GIS 提取流域特征，不仅可以使 GIS 与传统的概念性水文模型相结合，更重要的是其为物理性分布式水文模型的研制提供了基础平台。

分布式水文模型起始于 1969 年，比较著名的有 TOPMODEL、SHE、HDM、SWAT、LL- Ⅱ分布式降雨径流模型，目前都得到了长足的发展并在多个地区进行了实践和应用。近年出现的基于不规则三角网格 (TIN) 构建出的完全分布式模型，只需原始栅格节点的 5% ~ 10% 就可以充分描述流域地形的水文特征，极大提高了分布式模型的计算效率。所有的分布式流域水文模型，都必须与 GIS 深度融合。

四、水文水资源规划

在地区骨干河道、中大型水库规划方案等编制过程中，通过 GIS 找寻地区水文水资源地理信息发展规律，指导建设更加科学完善的水情中心及水文站点。研究人员需要利用 GIS 技术，对大规模的水文水资源数据进行收集、分类及处理等工作，以电子地图的形式对现有的水资源现状做出更加精细的划分，这不仅可以最大限度地保证数据的真实性和可靠性，还可以借助 GIS 技术具有的时维性特点，通过一次性输入全部的数据，快速建立水文水资源的规划与分析基础，大大提升了推进水文水资源规划项目的效率。不仅如此，研究人员还可以通过实时的研究成果，及时调整处理过程，获取针对性的评价反馈。

第三节　水文水资源专业数据库设计

得益于飞速发展的数据库技术和 GIS 技术，水文空间数据库也得到了较大的发展。水文空间数据库对行业信息化、集约化发展有着不可替代的影响和作用，为防汛抗旱、水资源开发保护、水环境决策及与水相关的社会经济研究提供大量可靠的可高效访问的数据。总体上看，与水文空间数据库主要可分为基础地理数据库、水文专题数据库。

1. 基础地理数据

基础地理数据包括地形图、影像图、电子地图等地理数据。应遵循《水利空间要素图式与表达规范》（SL 730—2015）、《水利一张图空间信息服务规范》（SL/T 801—2020）等规范。

2. 水文专题数据库

水文专题数据库包括河湖水系专题数据库、水文基础设施数据库、水文动态监测数据库等。水文专题数据一般都具有明显的空间分布特征，在建库时可以 GIS 系统为集成平台，以基础地理数据作为底图，利用地理空间上的叠加关系来实现水文专题地图的采集、制作和入库、校核和更新。

河湖水系专题数据建库时是以第一次全国水利普查数据为基础，首先提取地形图等基础底图上的河湖水系要素，然后在最新的航空遥感影像图上勾画河流、湖泊，最后填上属性信息，完成河湖水系专题图的制作；在经过质量检查后，将河湖水系专题图放入系统以供展示和查询，保证了水文专题数据的准确性和现势性。在实际操作中除了应遵循基础地理数据库的相关规范外，还应遵循《水利空间数据交换协议》（SL/T 797—2020）、《水利空间要素数据字典》（SL/T 729—2016）等规范。

水文基础设施是指满足水文生产和作业建设的建筑物及构筑物。包括测验河段设施、水位观测设施、流量测验设施、泥沙测验设施、降水观测设施、蒸发气象观测设施、水质监测设施、冰情水温观测设施、土壤含水量观测设施、生产业务用房、附属设施等。应遵循《水文基础设施建设及技术装备标准》（SL/T 276—2022）、《水文基础设施及技术装备管理规范》（SL/T 415—2019）做好水文基础设施数据库，对各类设施的运行维护、更新报废、档案管理，以及安全要求等，与空间数据库相关联。在时间与空间上，精细化管理水文基础设施的全生命周期。

3. 水文动态监测数据库

水文动态监测数据库是水文专题数据库中最核心的部分。

随着技术的进步，水文自动监测已从单一的水位、雨量自动监测，发展到覆盖水位、水量、水质、气象、墒情等要素的自动监测。水文动态监测数据的建库和分析挖掘利用是智慧水利建设的核心内容，是提高水利系统智能化的重要基础。因此，做好水文动态监测数据库的建设十分重要。

在水文动态监测数据库建设过程中，首先是在图上准确标识出相应监测点的空间位置和属性；然后由监测点的属性信息实现与动态监测数据的关联，从而可动态显示即时信息，并动态刷新。

在动态监测数据的处理上，也是采用了数据服务共享的方式。即通过建立数据共享服务接口应用，调用即时的监测数据，并按照一定的数据格式返回信息，可供其他水利信息系统集成使用；另外，开发了自动化处理的数据服务程序，每天在闲时（如在凌晨 1：00）定时进行监测数据的统计，将统计结果保存更新到数据库中，从而可以极大提高数据库的访问效率，减轻监测数据库服务器的负荷。

水文动态监测数据库主要遵循的规范标准主要有《水利对象分类与编码总则》（SL/T 213—2020）、《水文数据库表结构及标识符》(SL/T 324—2019)、《实时雨水情数据库表结构与标识符》（SL 323—2011）、《国家水资源监控能力建设项目标准 - 基础数据库表结构及标识符》（SZY301—2018）等。

第四节　关键技术

水文水资源与 GIS 相结合的关键技术主要是多源异构的 GIS 空间数据与水文数据融合与水文模型平台。由于 GIS 数据和水文数据的是非结构化与结构化数据，且两种数据的存储方式大有不同，为了打造 GIS 与水文水资源融合应用的数据基石，要在底图、坐标系、GIS 平台、运维管理等方面做到统一规划，协调推进。水文模型平台的核心是水文模型，但其数据输入与可视化应充分结合 GIS，提升水文计算分析的工作效率。

一、空间数据与水文数据融合

一般情况下，GIS 空间数据以非结构化数据为主，例如通过倾斜摄影、激光雷达以及多波束等手段构建的数据，水文数据以结构化数据为主。GIS 数据库是面向对象型数据库，水文数据库为关系型数据库。将两者多源异构的数据进行正确融合是基于 GIS 进行水文分析与规划的关键。

水文专业以及 GIS 专业已经积累了大量现成的 GIS 数据成果，但由于受到历史原因、技术条件、应用方向、数据标准等因素的影响这些数据在数据格式、数据结构、坐标系统、数据精度和时效性等方面存在不同程度的差异，急需一套针对水文的 GIS 数据融合方法。经多个项目检验，在融合 GIS 空间数据与水文数据中应尽量遵守以下几条原则。

（1）统一底图，建议统一采用天地图底图进行分析展示。

（2）统一坐标，应统一采用国家 2000 坐标系，特别是历史遗留的北京 54、西安 80 坐标系，必须转成国家 2000 后方可使用。同时，应构建空间索引机制将多种要素统一存储在一套空间数据库。

（3）统一平台，GIS 分析软件选择较多，建议选择自主可控的技术平台。

（4）统一维护，无论是 GIS 数据还是水文数据，随着时间推移都会发生改变，因此需要制定更新维护机制，保障数据的有效性。

二、水文水资源服务

水文模型平台是水文专业的核心，是提升工作效率、保证工作质量的重中之重。传统的水文工作，主要基于 Excel 电子表格进行计算，部分工作开发了私有的小型软件或者程序，但不够系统，共享性差，且缺少与 GIS 系统的融合。水文模型平台以模型为核心，以 GIS 为输入和可视化平台，所见即所得可以显著提升水文计算分析的工作效率，应持续逐步完善补充。

按照"标准化、模块化、云服务"的要求，水文模型平台宜采用三层框架，并以微服务方式提供统一调用服务，建立模型的通用化开发封装技术及模型的标准化接口，供各级单位进行调用，实现跨级共享。同时，基于 GIS 系统，建立输入与输出的可视化平台，水文模型平台与 GIS 系统集成过程中。由于模型种类多、参数不一致、要求高等因素，应将模型平台与系统的集成接口标准化，以保证可扩展性、可推广复制性。

在模型库的选择上，应选择应用较为广泛、效果较优的模型进入模型库。初步选择的水文专业模型有新安江模型、马斯京根模型、一维水动力模型、二维水动力模型、周期均值叠加模型。新安江模型是由河海大学赵人俊教授等人在 20 世纪 70 年代提出，当前已成为中国最具影响力的流域水文模型，GIS 系统中用于站点的流量和水位预报。马斯京根法是麦克瑟（G.T.McCarthy）1938 年提出来的，经马斯京根法的槽蓄方程和圣维南方程组简化可得流量演算方程，计算过程简单，计算结果可靠。一维水动力模型核心是圣维南方程组，与马斯京根一同用于河道演算。二维水动力模型的基本方程是浅水波方程，是洪水预演的核心模型，在重要的防洪区域，采用该模型做洪水淹没预演展示与分析。周期均值叠加模型将随时间的变化过程复杂的水文要素看作是不同周期的周期波互相叠加而形成的综合波，基于多个周期波做径流预报。

第五节　系统开发实践

一、系统简介

GIS 技术利用数学模型将现实世界数字化、可视化，实现了现实世界的"数字孪生"，具有空间属性的信息资源及其变化过程得到有效管理和动态监视分析、可视化展示，水文 GIS 系统充分将地理信息系统的空间分析、可视化优势与水文水资源业务深度结合，在水文资料收集与整编、洪水灾害分析、水文规划等业务场景提供有力支撑。

系统架构分为基础设施层、数据中心层、接口层、应用系统层和用户层，以下分别对各层技术路线及作用进行描述。

支撑层：主要包括网络环境、硬件设备、感知设备和基础软件平台。网络环境主要实现测站数据的传输和用户对系统的访问需要的通信资源，包括：政务网、互联网；硬件设备包括服务器、PC 客户端、移动终端、网闸等，保证系统的稳定性和安全性；感知设备包括站点传感器、摄像头等，主要用于各类站点的数据采集和视频监控信息的汇集；基础软件平台包括 Deepin、PostgreSQL、Tomcat、Nginx、GeoServer 等。

接入层：用于进行感知数据和外部数据的接入和预处理，包括水雨情监测数据接入、监控视频接入和气象数据接入等。

数据层：主要为平台管理的数据资源内容，包括地理空间数据库、感知数据库、业务资料库、平台运维库和文件库。地理空间库包含基础地理数据、遥感影像、倾斜摄影数据等；感知数据包含水情、雨情、工情、水质、灾情、地下水位、取用水、墒情、遥感、视频、网络舆情等数据；业务数据包含水资源、水生态环境、水灾害、水工程、水监督、水行政、水公共服务、综合决策、综合运维等；平台运维库包含平台维护相关等数据；文件库则是系统其他相关共享数据等。

模型层：由水文模型平台提供服务，主要提供洪水预报模型、水资源调度模型等，是平台的核心层。

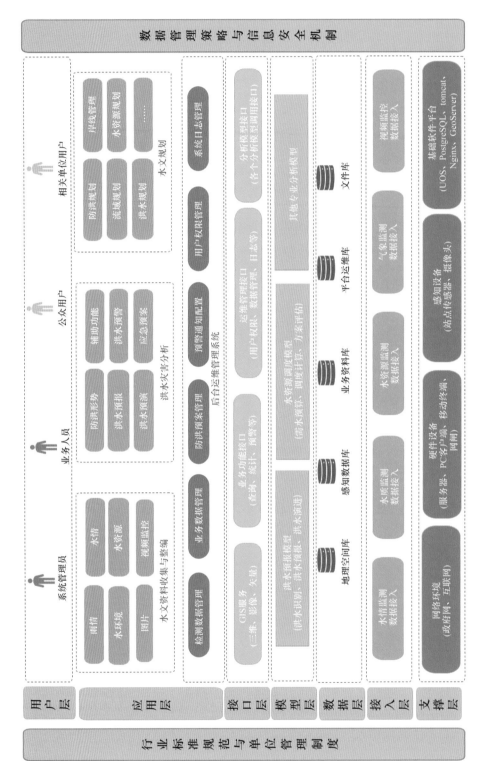

图 7-3　水文 GIS 系统技术架构

接口层：提供应用功能模块与数据资源、算法模型之间的联系，包括 GIS 服务、业务功能接口、分析模型接口以及运维管理接口。一是将数据层的数据资源以服务接口的方式提供给应用层使用；二是建立与外部系统的集成对接关系；三是为后续建设的专业应用提供数据服务与功能接口，主要包括 GIS 服务、业务功能接口、运维管理接口和分析模型接口等。

应用层：即根据用户需求设计开发的功能模块，包括数字孪生场景再现系统、洪水"四预"应用系统、后台运维管理系统等对应的功能模块。洪水"四预"应用系统包含防洪形势、辅助功能、洪水预演、应急预案、洪水预报、洪水预警等。

用户层：包括业务人员、公众用户、系统管理人员等。

二、重点功能模块

1. 数据管理

系统基于空间数据库存储水情、雨情数据，并利用 GIS 可视化技术查看空间分布情况，在时空上直观分析水雨情现状，整编数据，查漏补缺。

2. 洪水灾害分析

系统提供高精度三维地形底图，融合倾斜摄影数据，孪生展示洪水淹没状态。基于水库数字孪生场景及水雨情监测网，建立水库防洪预报体系。基于洪水预报结果，在数字孪生场景中结合水库防汛调度方案模拟不同洪水量级、不同调度方案下的洪水过程。在分析水库防洪操作规程的基础上，将洪水实时入流情况与水库目前水位相结合，预判未来洪水形势，为选取最佳水库防洪调度方案提供直观、科学、全面的依据。

3. 水文水资源相关规划

系统将采集的数据以数字格式存储。在水文规划的过程中，储存有数据的矢量和栅格图层是一切分析计算的基础，包括地形、土地利用、土壤质地、土壤侵蚀等基本空间数据。系统基于存储的空间数据提取属性要素，将相关业务数据与空间数据相关联，采用空间分析技术，指导防洪规划、岸线管理规划、流域综合规划、水资源与供水规划等。

4. 洪水"四预"功能

系统以洪水预报、预警、预演、预案（简称"四预"）为核心，主要包括水雨情监测、洪水预报、洪水的预警、洪水演进过程的预演，以及防汛应急预案的数字化实施及触发机制等功能模块。

5. 流域预报调度

主要包括的预报模型有新安江降雨径流模型、马斯京根河道演算模型、一二维水动力模型等；调度模型有水位控制模型、出库控制模型、补偿调度模型、指令调度模型等。

预报方案：所有源头流域和区间，采用新安江模型进行降雨径流模型进行计算；水库出库河段采用一维水动力模型进行计算，沿河重点防洪区域，构建二维水动力模型，并实现干流一维水动力模型和沿河重点防洪区域二维水动力模型的耦合；采用马斯京根法进行河道汇流。

洪水演进方案：干流河道采用二维水动力学模型进行计算，并耦合区间水文模型的计算入流（集中入流和旁侧入流），进而构建干流河道的水文水动力模型。干流采用曲线正交网格进行剖分。在网格剖分时，需要考虑考虑堤防、道路等线性建筑物的阻水作用。

三、系统应用展示

某流域内干流长约 210km，流域面积 6039km²，常年水量较丰富，多年平均年降水量 1226mm，干流地跨 6 个县市。流域内农田沿河呈长条形分布，人口临河而居，防洪对象和水工建筑较多。目前，已建成的水库有 11 个，在建水库有 2 个。

充分利用 GIS 技术，实现了气象水文耦合以及预报调度一体化的及时准确预报、基于规则和风险的全面精准预警、人机互动的同步仿真预演、动态优化的精细数字预案，为水工程调度管理提供智能化、科学化技术支持，形成流域智慧防洪体系，提升流域水旱灾害防御智能化决策支撑能力。

1. 水雨情监测

（1）水雨情监测 - 雨量监测物联网信息如图 7-4 所示。

图 7-4　水雨情监测－雨量监测物联网信息

（2）水雨情监测－河道水情监测－水文站监测／水位站监测如图 7-5 所示。

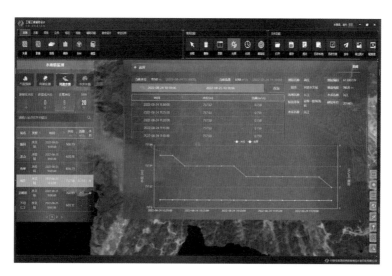

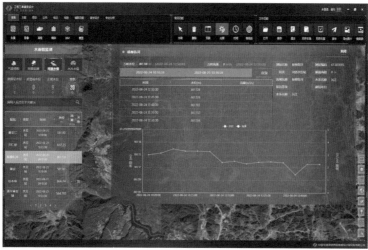

图 7-5　水雨情监测－河道水情监测－水文站监测／水位站监测

（3）水雨情监测 - 水库水情 / 气象预报如图 7-6 所示。

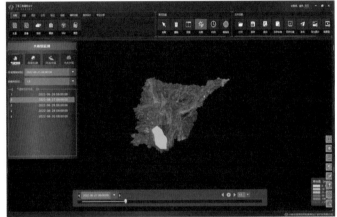

图 7-6　水雨情监测 - 水库水情 / 气象预报

2. 洪水"四预"

洪水"四预"如图 7-7 和图 7-8 所示。

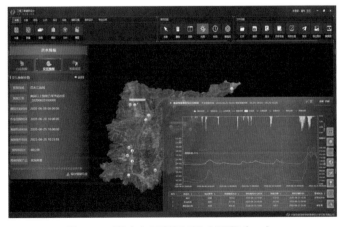

图 7-7　洪水交互预报 / 洪水预警（一）

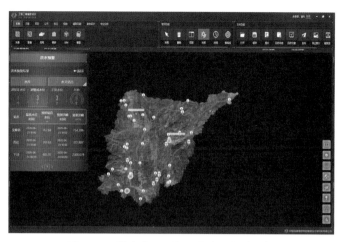

图 7-7 洪水交互预报 / 洪水预警（二）

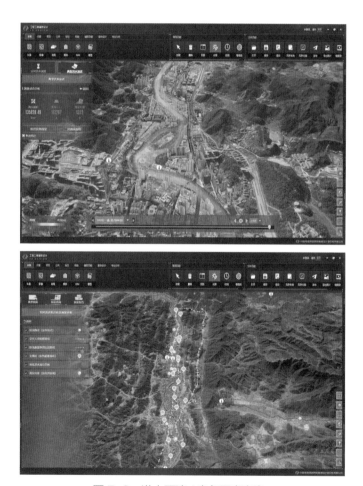

图 7-8 洪水预演 / 应急预案查询

第八章 生态环境与 GIS

第一节 概　　述

生态与环境专业工作全程贯穿于工程规划、设计、施工、运维等全生命周期中，主要包括环境保护、水土保持等专业工作。在环境影响评价、水土保持、水环境、土壤污染等生态与环境业务需求中，应用到了 GIS 的各种空间分析方法及工具（见图 8-1），主要解决的问题涉及淹没区域分析、卫片解译判别地表覆被情况、土地利用类型分析、生物类型及活动范围、敏感区及保护区演示及各类专题制图等。

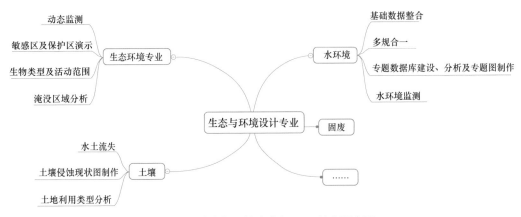

图 8-1　生态与环境专业与 GIS 结合重点图

一、环保专业工作概况

环境影响评价是保护环境的一种重要手段。环境影响评价就是通过详细调查，收集各种资料，然后进行分析，核实工程建设对环境的污染种类、数量、形态和排放量。制定出一个合理可靠的防治污染的方案，对规划或建设项目潜在的环境影响的理性、客观的预测。

（一）工作目标

环境保护专业工作目标主要包括防治由生产和生活活动引起的环境污染，防止由建设和开发活动引起的环境破坏，保护有特殊价值的自然环境。

1. 防治由生产和生活活动引起的环境污染

包括防治工业生产排放的"三废"、粉尘、放射性物质以及产生的噪声、振动、恶臭和电磁微波辐射，交通运输活动产生的有害气体、液体、噪声，海上船舶运输排出的污染物，工农业生产和人民生活使用的有毒有害化学品，城镇生活排放的烟尘、污水和垃圾等造成的污染。

2. 防止由建设和开发活动引起的环境破坏

包括防止由大型水利工程、铁路、公路干线、大型港口码头、机场和大型工业项目等工程建设对环境造成的污染和破坏，农垦和围湖造田活动、海上油田、海岸带和沼泽地的开发、森林和矿产资源的开发对环境的破坏和影响，新工业区、新城镇的设置和建设等对环境的破坏、污染和影响。

3. 保护有特殊价值的自然环境

包括对珍稀物种及其生活环境、特殊的自然发展史遗迹、地质现象、地貌景观等提供有效的保护。

（二）工作内容

环境保护专业工作内容主要包括前期准备阶段、分析论证和预测评价阶段及总结阶段的各项专业工作。主要工作流程如图 8-2 所示。

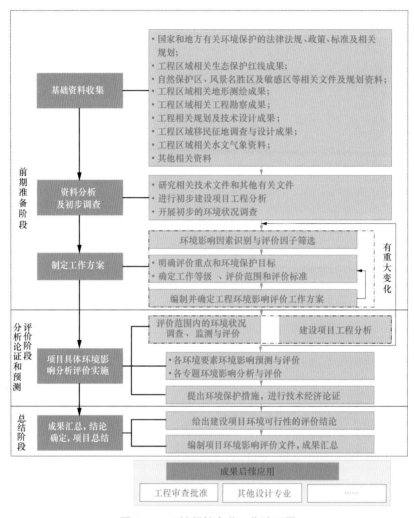

图 8-2　环境保护专业工作流程图

1. 前期准备阶段

主要涉及基础资料收集、资料分析及初步调查、工作方案制定等，基础资料收集内容包括工程相关测绘、勘察、移民、规划等专业的水利工程资料、工程区域相关基础地理信息数据、环保相关的法律法规、政策、标准及规划文件等；资料分析及初步调查阶段主要工作包括筛选出影响水利工程建设的重要环境影响因素及评价因子，以便确定工作等级、评价范围和评价标准，编制工程环境影响评价工作方案。

2. 分析论证和预测评价

主要包括对水利工程进行环境状况调查、监测和评价、环境影响分析与评价、环境保护措施及技术经济论证等。

3. 总结阶段

主要工作包括探讨工程可行性评价结论、编制项目环境影响评价报告和保护区设计材料及图件等成果汇总。

工程环境影响评价报告作为水利工程核准的必备条件，需要通过地方环保部门审批，同时提供给后续其他设计专业使用。

二、水保专业工作概况

水土流失是指水资源、土资源及土地生产力在水力、重力、风力等外营力影响下，发生破坏和损失的自然现象。水土保持是防止水土流失，保护、改良和合理利用水土资源，建设良好生态环境的工作。水土保持是山区发展的生命线，是国土整治、江河治理的根本，是国民经济和社会发展的基础，是一项必须长期坚持的基本国策。

水土保持措施指对自然原因和人类活动引起的水土流失所采取的预防和治理措施。水土保持的常用措施有工程措施、生物措施和临时措施等。

工程措施指为预防和治理水土流失危害，保护和合理利用水土资源所建设的各项工程设施，包括治坡工程（各类梯田、水平沟、鱼鳞坑等），治沟工程（如淤地坝、拦沙坝、沟头防护等）和小型水利工程（如水池、水窖、排水系统和灌溉系统等）。

生物措施指为预防和治理水土流失，保护和合理利用水土资源而采取造林种草及管护的办法，以增加植被覆盖率，维护和提高土地生产力的一种水土保持措施。包括植树造林、种草和封山育林、育草。

临时措施指项目工程在施工期间，对工程引起的水土流失和开挖的土石方所采取的水土流失防治措施。通常在主体工程施工前或同时完成。

（一）工作目标

实施水土保持工作的目标就是为了预防和治理水土流失，保护、改良并合理利用水土资源，建立良好的生态环境。一方面要维护山丘区、山地区和风沙区的水土资源，提高土地生产力；另一方面要减少平原区的河床淤积和洪涝灾害，保障水利设施正常运行，保证交通运输、城镇建设的安全，充分发挥水土资源的生态效益、经济效益和社会效益，实现区域可持续发展。

（二）工作内容

水土保持专业工作流程主要包括前期准备阶段、方案编制阶段及方案校审与批复阶段。前期准备阶段主要是进行资料收集和资料分析，收集整理国家和地方有关水土保持的法律法规、政策、标准，发展改革部门同意项目开展前期工作的相关文件，项目主体设计资料,项目区及项目所在地自然环境概况,最新社会经济概况,占地面积及占地类型,建筑物、构筑物拆迁及安置情况等。基于现有资料进行现场踏勘，开展现状普查（植被类型及数量、土壤类型、表土资源、土地利用现状等，水土流失现状），确定工作计划书；方案编制阶段重点针对水利工程项目水土流失状况及影响因子评价，并对水土流失进行预测、分析及监测，确定水土流失防护措施方案及经济效益评价，汇总成果并编制项目水土保持方案报告；方案校审与批复阶段包括编制单位内部校审、项目所在地水土保持主管部门校审及批复（见图 8-3）。

1. 水土保持方案编制

水土保持方案编制的主要内容包括勘查并了解项目及项目区情况、项目水土保持评价、水土流失预测分析、水土保持措施布设、水土保持监测、水土保持投资估算等。

2. 水土保持措施设计

包括初步设计和施工图设计。初步设计明确水土保持方案及批复文件要求落实的情况，复核有关内容；设计各分区的水土保持工程措施、植物措施和临时措施，并绘制分区的水土保持措施总体布设图和设计图，明确水土保持的工程量；设计施工组织，明确施工的条件、方法、布置和进度等；明确水土保持监测和管理的有关内容；编制水土保持总投资概算。施工图设计施工图纸，包括平面布置图、剖面图、结构图、细部构造图、钢筋设计图、植物措施施工图等。

3. 水土保持施工

根据建设单位建立的规章制度，配合建设单位和施工单位落实施工要求，规范施工行为，严格按照设计施工，同时应对好施工过程中出现的设计变更或突发情况。

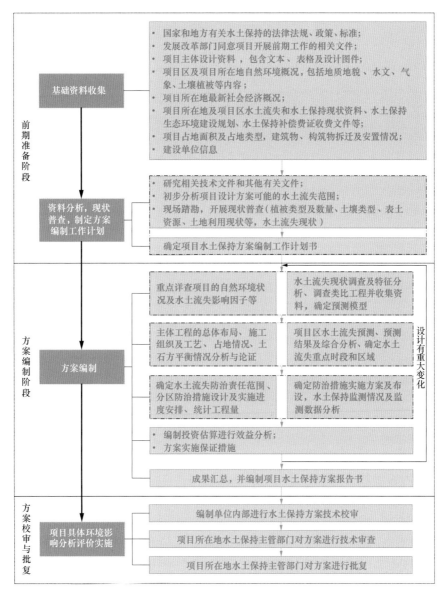

图 8-3　水土保持专业工作流程图

4. 水土保持监理

工程中实行监理制度，是指监理单位代表建设单位对施工单位的建设行为进行监督管理的专业化服务活动。是对工程的质量、进度、投资和安全进行控制，并对水土保持工程实行合同管理和信息管理，协调施工各方关系，确保工程如期完成。

5. 水土保持验收

水土保持工程建设完成后，建设单位要按照有关要求自行开展水土保持设施验收工作，经验收合格后，才能正式投入生产或使用。

6. 水土保持监测

水土保持监测主要是通过利用实地人工监测、GNSS、RS、GIS 等多种获取和处理信息的手段，对水土流失的成因、数量、强度、影响范围、危害及防治效果等进行动态监测和评估，是水土流失预防监督和治理工作的基础。水土保持监测工作应贯穿于项目建设前、建设中和建设后的自然恢复期，对水土保持措施的实施情况和完整性要进行长期、定期和不定期检查和监测，并保存监测记录。

第二节　GIS 在生态环境的场景应用

目前生态与环境专业利用 GIS 技术开展工作相对广泛，具有一定效果，但目前存在应用层次不深、专业数据共享困难、相关数据标准不一致等问题。为了实现生态与环境专业工作的可视化、共享性、高效性，需在前期基础数据（土地利用现状图、原始影像资料、地形图等）获取及三维可视化、专业间数据共享、成果专题图输出（土壤侵蚀现状图、评价区专题图等）以及对后期持续可视化监测（包括遥感影像监测和无人机监测等）等方向上努力。

一、工程环境影响评价时空分析与专题制图

前期准备阶段，环境保护专业在二、三维地图或三维模型上叠加并可视化表达工程设计方案、环境影响评价相关资料（如生态保护红线、相关规划成果等）和现场初步环境调查成果，辅助项目工作方案制定（包括进行项目环境因素识别及评价因子筛选、分析确定评价重点和环境保护目标、确定工作等级和评价范围及标准等），绘制相关图件；分析论证和预测评价实施阶段，编制项目环境影响评价综合图件，结合 GIS 专业软件自身或定制的时空分析功能（必要时接收第三方软件分析计算成果），对各项环境要素进

行环境影响预测（如敏感区分析、光照分析、污染影响分析等），形成专题环境影响评价图表，结合项目环境保护措施，辅助开展环境保护方案设计，形成项目环境保护布置图件；总结阶段，根据环境影响评价文件编制需求，汇总、编辑、整理项目环境保护相关图表，按照定制模板生成项目环境影响评价文件附图附表。

二、工程水土保持时空分析与专题制图

前期准备阶段，水土保持专业在二、三维地图或三维模型上叠加并可视化表达工程设计方案、水土保持相关资料（如地表植被覆盖、土壤类型、水土保持规划、水文气象等资料）和水土保持现状调查成果，辅助项目工作计划制定；方案编制阶段，录入项目现场水土保持详查资料（赋予空间属性），根据项目高分辨率DEM生成坡度坡向图、土壤侵蚀现状图等，结合GIS专业软件自身或定制的时空分析功能（必要时接收第三方软件分析计算成果）和水土流失预测模型开展水土流失预测，生成项目水土流失相应图表，结合项目水土流失防治措施，辅助开展水土流失防治专项方案设计，形成项目水土流失防治专项设计图件；总结阶段，根据水土保持方案编制需求，汇总、编辑、整理项目水土保持相关图表，按照定制模板生成项目水土保持方案附图附表。

三、工程生态与环保后期监测评价

工程建设完成后，对建设区域的环境保护和水土保持进行监测评价是一项长期持续性工作，传统监测数据获取方式主要采用人工进行，费用高、时效差、安全性低。目前利用无人机遥感技术快速获取建设区内的遥感数据，经过数据处理后录入系统开展遥感解译，与原有环境保护和水土保持成果进行叠加分析，查找监测期间变化情况，从而及时、高效完成工程建设区域的环境保护和水土保持进行监测评价。

四、工程环境保护与水土保持成果汇报

工程环境保护与水土保持专业成果除提供给后续设计专业使用外，还需要通过项目业主审查和项目所在地环境保护和水土保持管理部门评审批复，其成果汇报展示效果十分重要。需实现工程环境保护、水土保持设计成果基于工程区域二、三维地图或地面三

维实景模型进行展示,可实现工程设计方案及建设区域基本情况汇报,工程建设区环境现状、水土流失现状汇报,各项环境因素影响预测、水土流失预测成果汇报,不同工程环境保护措施实施方案、水土流失防治措施实施方案(包括总体方案、措施类型、工程量、投资预算等)比较汇报,现场可根据评审意见在工程区三维模型上对实施方案进行交互式调整,并可获取调整方案的估算工程量,配合项目成果文字部分汇报,达到现实感极强的汇报效果。

第三节　生态环境专业数据库设计

建设生态与环境专业数据库,实现对工程环境保护、水土保持相关数据的录入、编辑、更新、查询和显示(基于数据库,或二维地图,或三维地图等)、环境影响与水土保持空间分析计算、环境影响评价和水土保持方案辅助制图等功能,并在工程三维实景模型上显示。

1. 环境影响评价数据管理

环境影响评价基础数据主要包括工程设计成果资料、生态环境现状调查数据、生态敏感区规划资料等。工程设计成果资料主要包括工程相关测绘、勘察、移民、规划等专业的设计资料,资料格式为设计方案报告、设计图纸、CAD 图纸、三维实景模型、BIM 模型等类型;生态环境现状调查数据主要包括工程评价范围内的环境质量数据、污染源数据、生态环境情况、土地利用现状及规划情况等,资料格式为图片、电子表格、电子文档、卫星影像图、遥感影像图和包含地理信息的矢量数据;生态敏感区规划资料主要包括工程评价范围内的森林公园、自然保护区、风景名胜区、湿地公园、水源保护区、地质公园、生态保护红线、基本农田等生态敏感区资料,资料格式为规划报告、规划图件、包含地理信息的矢量数据。

2. 水土保持数据管理

水土保持基础数据主要包括政策法规类资料、工程设计成果资料、项目区概况数据等。数据格式包括文本数据、二维图件、三维模型等。

项目区概况数据主要包括项目区地质地貌、水文气象、土壤植被、矿藏资源等自然概况;项目区的人口、产业结构、土地利用类型和利用现状、土地利用分布和土地利用面积、林地、基本农田和人均耕地等社会经济概况；项目区的水土流失形式、流失面积、土壤侵蚀强度、侵蚀类型和侵蚀量，以及造成水土流失和侵蚀的原因、由此产生的危害等水土流失现状；项目区已实施的水土保持综合治理项目分布图等水土保持现状资料；项目区内的生态环境建设规划、自然保护区规划、风景名胜区规划、湿地规划、生态红线规划、饮用水水源保护区划情况等相关规划资料。

第四节　基于 GIS 的生态环境分析与制图

本节主要讲述在环境影响评价、水土保持等生态环境工作中的 GIS 数据分析处理与专题制图实务。本节中提及的 GIS 软件以 ArcGIS 为例进行说明。

一、环境影响评价

（一）数据处理

根据环评工作流程可将数据处理分为现有图件处理、工程设计成果处理、污染源数据处理、生态解译工作。

1. 现有图件处理

利用 GIS 软件对现有背景图件的扫描、配准、矢量化或者数据格式的转换获取专题矢量数据。

2. 工程设计成果处理

从测绘 CAD 图进行数据处理获取 DEM、等高线、河流水系等数据，通过 GIS 软件进行数据格式转换得到测绘矢量数据；通过施工设计 CAD 图进行数据处理获取工程布置、施工布置、改扩建道路等数据，通过 GIS 软件进行数据格式转换得到工程布置矢量数据。

3. 污染源数据处理

通过对收集的污染源情况电子表格、文档进行整理，通过 GIS 软件进行数据格式转换得到工程评价区内污染源数据分布矢量数据。

4. 生态解译工作

通过采样获取生物量、生物群落等数据；遥感解译获取植被类型、植被覆盖度、土地利用等数据。

（二）数据分析

环评工作 GIS 数据分析主要为矢量数据空间分析。主要利用矢量数据进行空间数据查询、属性数据分析、缓冲区分析、网络分析等，对环境要素的分布情况、工程与各环境要素的空间关系、污染物的影响情况及范围等情况进行空间分析。

（三）专题制图

1. 制作环评附图

将处理后的矢量空间数据在 GIS 软件分层显示，选取合适的制图符号、颜色设置，通过逐层叠加制作各种图件，在图件上添加指北针、比例尺、图例、报表、统计图表后形成完整的附图。

2. 制作生态图

利用专业软件对卫星图、遥感影像图进行生态解译，获取相关生态数据，利用 GIS 软件对解译数据进行数据优化处理，再选取合适的制图符号、颜色设置，通过逐层叠加制作生态专题图件。

（四）应用展示

基于 GIS 开展环境影响评价分析与制图，可以达到一次投入、多次产出的效果。它可以根据用户需要分层输出各种专题图，如污染源分布图、大气质量功能区划图等。GIS 的制图方法比传统的人工绘图方法要灵活得多，在基础电子地图上，通过加入相关的专题数据就可迅速制作出各种高质量的环境专题地图（见图 8-4）。可以根据实际需要从符号和颜色库中选择图件，使之更好地突出专题效果和特性。

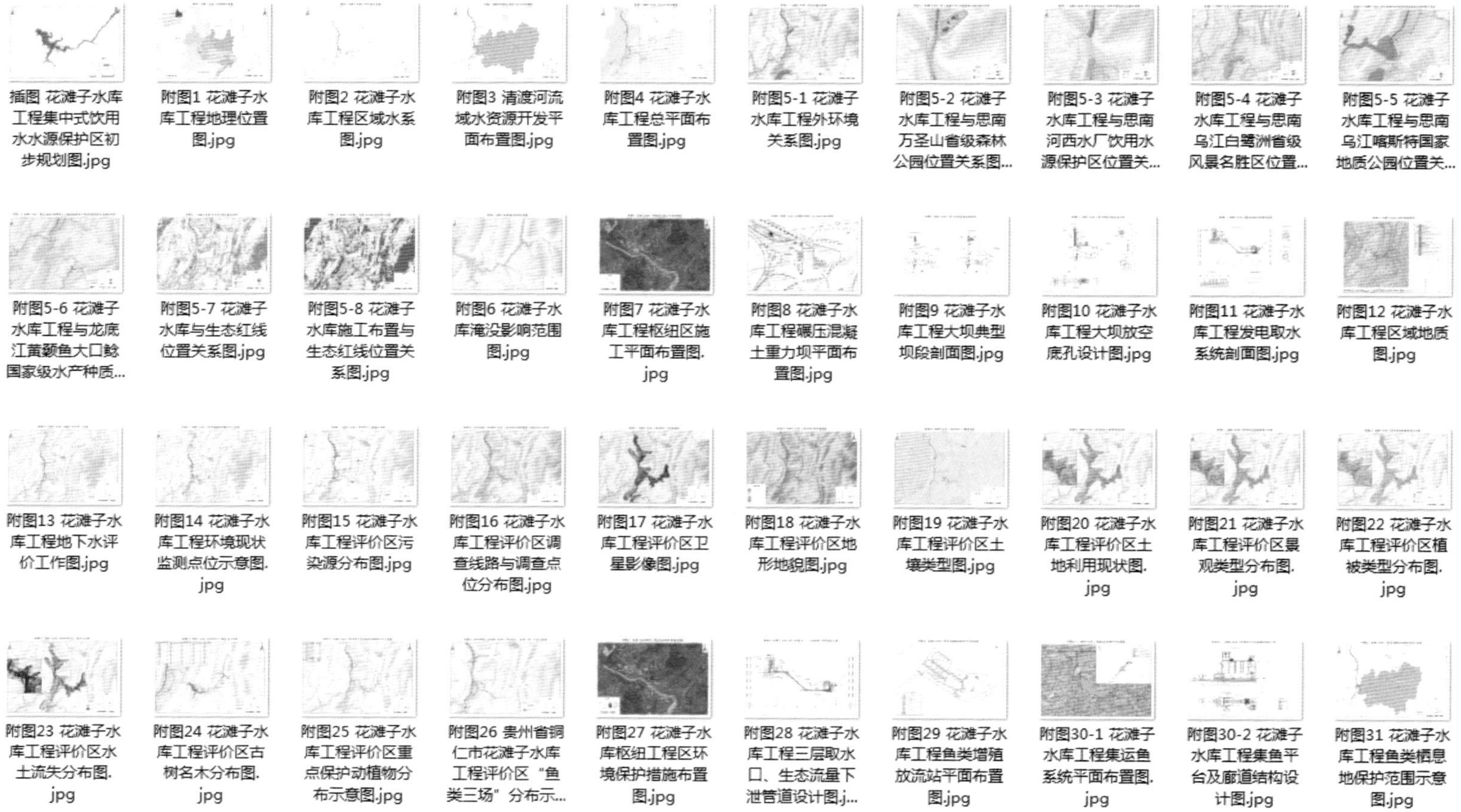

图 8-4 环境影响评价专题图应用示意图

在进行自然生态现状分析过程中，利用 GIS 可以比较精确地计算土地利用类型（见图 8-5）、植被类型（见图 8-6）等面积，客观地评价评价范围内的生态情况，并对工程实施的破坏程度和波及的范围进行预测，为进行生态环境评价提供科学依据。

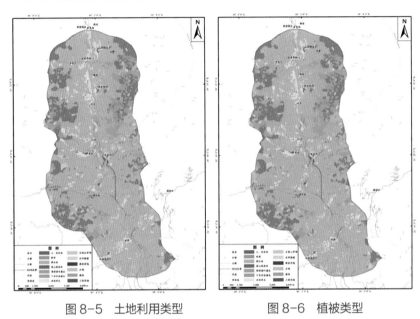

图 8-5　土地利用类型　　　　图 8-6　植被类型

二、水土保持

本部分主要讲述 GIS 在水土保持业务的方案编制和措施设计方面数据处理与分析、制图等的应用。

（一）水土保持评价

水土保持评价中，GIS 软件广泛应用于分析和评价取土（石、砂）场设置，弃土（石、渣、灰、矸石、尾矿）场设置，土石方平衡和弃渣场容量等。

1. 取土、弃土场选址分析

取土（石、砂）场和弃土（石、渣、灰、矸石、尾矿）场的设置应符合设计标准和技术规范。分析和设置取土（石、砂）场和弃土（石、渣、灰、矸石、尾矿）场选址时，要综合考虑多方面因素，运用 GIS 空间分析方法，能高效合理地制定并分析选址方案。

（1）影响因素分析。

影响取土场设置的因素：禁止选址区(崩塌和滑坡危险区、泥石流易发区)，交通路网，用料地等。

影响弃土场设置的因素：禁止选址区（紧邻公共设施、基础设施、工业企业、居民点区域等），地形条件，占地面积，水土保持敏感区，地质灾害易发区，基本农田保护区，交通路网，河流水系等。

（2）分析模型与方法。

采用数字高程模型（DEM）、缓冲区分析、叠加分析、网络分析等方法进行分析。

（3）主要操作步骤。

利用 GIS 软件进行场地选址技术流程，取土场和弃土场的分析方法一致，这里仅以弃土场选址分析为例进行说明，如图 8-7 所示。

数据处理主要分为两部分。首先是建立 DEM。DEM 是用已知等高线采用数学方法插值生成。提取主体项目的设计等高线并导入 GIS 软件中，先创建 TIN 数据，然后将 TIN 数据转换成 DEM 数据。其次是在数据库中提取影响弃土场分布的各个因素，然后分别进行缓冲区分析，生成缓冲区专题图。

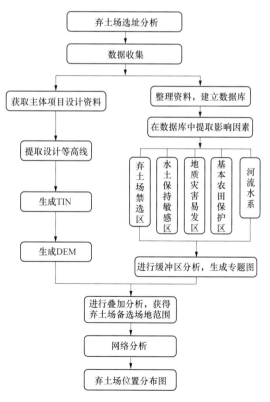

图 8-7 弃土场选址技术流程图

将生成的 DEM 和缓冲区专题图进行叠加分析，可以大致筛选出弃土场的选址区域。

按照经济性原则，在现有距离和交通条件下，取土场和弃土场的选址还要在满足经济运距的基础上进一步筛选。网络分析工具是 GIS 空间分析方法中选择优化路径的常用方法。加载交通路网后，通过网络分析功能，寻找最佳经济运距，确定最终的场地设置区域或设置点。结合人工分析，确定具体的场地位置，并生成弃土场位置分布图。

2. 土石方平衡分析

利用 GIS 软件计算工程的填挖方量，相比传统的 CAD 计算方法，具有较高的精度和可视化效果。

（1）分析模型与方法。

采用 DEM 数据。在 GIS 中有两种方法计算填挖方，一种是采用"填挖方"工具计算填挖方量；另一种是用"栅格计算器计算"，生成填挖栅格后利用统计功能统计填挖方量。

（2）主要操作步骤。

基本原理就是让前后两种地形相减，相减后生成填挖栅格。打开填挖栅格图层属性表，在属性表中添加填挖方量的字段，并计算填挖方量，利用填挖方量生成土石方平衡图（见图 8-8）。利用统计工具可以统计出填挖方量的平衡情况，总和大于零表示填方大于挖方，小于零表示挖方大于填方，等于零表示填挖平衡。需要对表土平衡进行分析时也可以用同样的原理和方法。

3. 弃渣场容量分析

弃渣场容量分析与土石方平衡分析的原理一致，分析弃渣场容量就是分析弃渣场的填方量。利用弃渣场原始地形的等高线，生成 DEM 数据；再利用弃渣场场地设计标高，

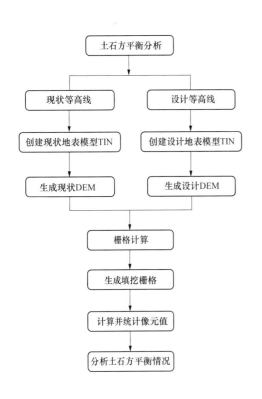

图 8-8　土石方平衡分析图

生成设计 DEM。利用栅格计算器将两种栅格地形相减，生成填方栅格，在属性表中添加"填方量"字段并计算填方量，最后利用填方量生成弃渣场容量分布图、容量表等。

（二）水土流失分析与预测

1. 土壤侵蚀模数计算

分析和对比项目区扰动前后的土壤侵蚀模数可以分析并预测项目区的水土流失状况。确定土壤侵蚀模数的方法有多种，土壤侵蚀模数的背景值可以直接根据实际调查和参考当地水文资料确定。扰动后的土壤侵蚀模数，本文采用数学模型方法来计算，以 RUSLE 模型为例，以 GIS 软件作为计算工具和分析平台，卫星影像数据的初步处理还需要用到图像处理软件。

（1）影响因素分析。

影响土壤侵蚀的因素有很多，包括植被、地形、降雨、土地利用类型等，是多种因素综合作用的结果，以 RUSLE 模型为例计算土壤侵蚀模数。侵蚀模数（单位面积年均土壤侵蚀量）计算公式为：

$$A = R \times K \times L \times S \times C \times P \tag{8-1}$$

式中：A——土壤侵蚀模数，$t/(hm^2 \cdot a)$；

R——降雨侵蚀力因子，$MJ \cdot mm/(hm^2 \cdot h \cdot a)$；

K——土壤可蚀因子，$t \cdot hm^2 \cdot h/(MJ \cdot mm \cdot hm^2)$；

L——坡长因子，无量纲；

S——坡度因子，无量纲；

C——植被盖与管理因子，无量纲；

P——水土保持措施因子，无量纲。

（2）分析模型与方法。

土壤侵蚀模数的计算采用数学模型 RUSLE 计算。

（3）主要操作步骤。

数据的处理流程如图 8-9 所示。

在 GIS 软件中加载项目区及各分区的矢量边界。

R 因子：收集项目区的降雨资料，利用公式直接计算出 R 值；在项目区边界文件的

属性列表中添加 R 字段并赋 R 值，生成降雨侵蚀力的栅格数据。

K 因子：查阅项目区的土壤普查资料，代入土壤可侵蚀公式计算出 K 值，同样在项目区边界文件的属性列表中添加 K 字段并赋 K 值，生成土壤可侵蚀的栅格数据。

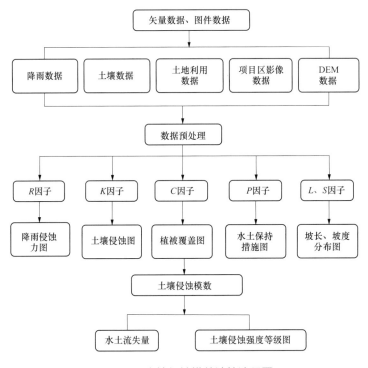

图 8-9　土壤侵蚀模数计算流程图

L、S 因子：利用项目区高程栅格数据 DEM 进行重采样，可以提取坡度，通过公式能进一步计算出 L 和 S 因子。

C、P 因子：C 和 P 因子可以通过从影像数据中提取相关值进行计算。C 因子与植被覆盖密切相关，NDVI 和植被覆盖度之间的又具有明显的相关性，根据影像数据计算出项目区的 NDVI 指数，然后用公式计算出 C 因子。通过影像解译，得出区域的土地利用类型现状，直接根据各区域的土地利用类型赋予 P 具体的数值。

利用 GIS 软件的数据库管理功能和栅格空间分析功能，计算得出 R、K、L、S、P、C 因子在不同区域值的栅格数，将六个因子相乘后得到土壤侵蚀模数。根据水利部颁布的土壤侵蚀分级标准的划分方式，对侵蚀程度进行分级，利用 GIS 软件制图功能生成项目区的土壤侵蚀强度等级图。

2. 计算水土流失量

通过以上步骤计算得出土壤侵蚀模数后。采用如下的公式就可以计算出项目区各个分区的水土流失量。

$$W = \sum_{j=1}^{2}\sum_{i=1}^{n} F_{ji}M_{ji}T_{ji}$$ （8-2）

式中：W——土壤流失量，t；

　　　j——预测时段，$j=1$、2，即施工期（含施工准备期）和自然恢复期两个时段；

　　　i——预测单元，$i=1$、2、3、…、n；

　　　F_{ji}——第 j 预测时段、第 i 预测单元的面积，km²；

　　　M_{ji}——第 j 预测时段、第 i 预测单元的土壤侵蚀模数；

　　　T_{ji}——第 j 预测时段、第 i 预测单元的预测时段长。

计算出施工期和自然恢复期水土流失总量后，减去背景值的水土流失量就是新增土壤流失量。

（三）小流域综合治理方案

1. 综合治理单元图斑绘制

在小流域水土保持规划中，需要绘制综合治理的最小单元，即单元小斑图。传统方法是根据地形图结合实地勾绘完成，难以满足图斑精细化管理要求。运用 GIS 能有效提高工作效率，实现图斑精细化管理。

主要操作步骤：

（1）根据水土流失分析与预测中的方法，生成流域内的土壤侵蚀、土地利用、植被覆盖、地貌类型等栅格数据专题图，实地验证典型地区和疑点较多的区域。

（2）利用地形图或影像图建立 DEM，提取坡度坡向等栅格数据。

（3）将土地利用现状图矢量化，拓扑处理获得项目区各小流域所有小斑区域。

（4）将矢量化后的小斑区域图与土地高程、坡向、坡度、土壤侵蚀及土地利用现状栅格图等进行叠加分析，得到小流域规划的小斑图。

（5）每一小斑都含土壤侵蚀、坡度、坡向、土地利用等单一属性，提取并统计相应的属性值，建立各专题属性数据库，完成数据的处理。

2. 水土保持措施制定

水土保持措施总结而言就是通过改变地形坡度和植被覆盖率等措施来减少土壤侵蚀面积和强度。措施的制定与地表的坡度、土壤侵蚀强度、侵蚀原因，以及当地的土地利用现状等因素有关。

主要操作步骤：

（1）了解不同区域的坡度、土壤质地、侵蚀强度等条件后，可以对土地资源进行评价，对划分土地资源等级、绘制土地资源评价等级图等。

（2）根据土地资源评价和土地利用规划结果，对不同的区域采取相应的植物措施、工程措施等。

（3）按照规划完成的方案将规划措施输入 GIS 数据库中，将数字数据图形化后，可以生成各分区的水土保持措施布局图和总体措施布局图，并能快速统计各项措施的面积和数量，得到措施工程量。

对重点保护和预防的区域，可以利用缓冲分析功能，在图上提取需要重点保护和预防的区域，作为优先发展的重点项目示范区。

（四）大数据信息管理

随着全国水土保持信息管理上报系统的逐渐完备，需要对项目区的水土流失防治责任范围红线数据、扰动图斑数据和方案等上报系统审批和备案。图件数据的上传格式要求符合 shapefile 文件格式，防治责任范围红线数据包括分区的 shp 文件、项目红线的 shp 文件、弃渣场的 shp 文件和措施布局的 shp 文件。

栅格数据或其他矢量数据可利用 GIS 软件转为矢量 shp 文件。已绘制的 CAD 图，直接导入 GIS 软件中转为 shp 格式；工程的永久征地、临时占地范围、图斑影像数据等，可通过栅格图像导入软件中，新建要素类数据集并绘制矢量图形，完成矢量化后录入必要的属性信息。所有数据矢量化后，利用 GIS 软件的拓扑工具对数据进行拓扑检查。完成数据矢量化和拓扑检查后，便可将数据上传至水土保持数据管理平台。

（五）专题制图

在水土保持工作中，对数据的处理与分析的过程中需要生成各类专题图。利用 GIS

制图不仅高效，还能表达空间地理信息。

1. 地形地貌专题图

在水土保持工作中分析项目区的地形因素很重要，这项工作主要利用DEM来实现，可以利用影像数据和地形图进行分析。DEM可通过遥感影像提取；或是从现有的地形图上采集等高线，通过内插生成。DEM可以生成DTM，由DTM产生一系列地形因素，如高程分布、地表坡度和坡向、坡长等。DEM和DTM进行运算可以生成地表坡度分级图、高程空间分布图等。

2. 土壤专题图

利用调查收集的土壤资料建立数据库，通过数据库中要素类与属性表的关键字段间一一对应的关系绘制专题图，如：土壤类型分布图、土层厚度分布图等。将数据代入土壤可侵蚀公式，还能计算出土壤可侵蚀因子，利用因子的值制作土壤侵蚀分布图。

3. 降雨专题图

利用调查收集的降雨资料建立数据库，通过数据库中要素类与属性表的关键字段间的对应关系制作降雨量分布图。降雨数据代入降雨侵蚀力公式，还能计算出降雨侵蚀力因子，利用因子的值制作降雨侵蚀力专题图。

4. 植被专题图

借助GIS工具对解译后的影像数据和实地查验的植被资料进行统计，完成项目区的植被类型、植被分布、植被指数等空间数据和属性数据的统计后，计算植被覆盖因子并制作植被覆盖图。

5. 土地利用专题图

影像数据通过解译和实地查验等方式，可以获取项目区的土地利用信息，生成土地利用现状分布图。

6. 水土流失状况专题图

根据前面得出的地形因子、土壤因子、降雨因子、植被和土地利用因子等，参照侵蚀模数公式算出土壤侵蚀模数，并按照土壤侵蚀分类分级的标准制作土壤侵蚀强度分布图。按照水土流失量公式算出项目区水土流失量，制作水土流失现状图。

7. 缓冲区专题图

缓冲区分析可以建立其周围一定宽度范围内的缓冲区多边形图层，形成新的专题图层，如：水土保持敏感区缓冲区、地质灾害缓冲区、河流水系缓冲区等。

8. 方案成果图

在水土保持工作中运用 GIS 技术制作的成果数据包括弃土场位置分布图、水土保持规划措施布设图、土石方平衡图、弃渣场容量分布图、水土流失现状图，以及水土保持方案等。

三、土壤污染防治

1. 采样点图布设

将工程场地影像文件导入 GIS 软件中作为底图，依据相关技术文件中的布点方法、场区的功能区分布结合场地需要，合理布置采样点位，根据布点位置，创建带有 WGS84 坐标的点数据，最终得到需要的采样点布置图，如图 8-10 所示。

图 8-10　GIS 绘制采样点布置图

2. 空间插值

空间插值是利用采样点数据对研究区内的其他未知区域的特征数据进行推理和估计的方法，传统的空间插值方法主要用于空间定量属性（如土壤中的重金属含量等）为主的插值和模拟成图。利用已有的污染指标的点数据（含经纬度坐标），使用空间插值制作一幅场区污染分布范围的地图，如图8-11所示。

空间插值法由于能使用稀疏的采样点数据来预测、分析研究区相关特征而在环境污染研究领域发挥重要作用。空间插值法在土壤重金属污染领域的研究主要是对污染区域重金属含量、空间结构和分布及分布概率和范围进行预测和空间制图。插值法本质是使用特定的函数方程来反应插值要素的空间分布特征，其插值性能受到要素的空间分布变异性、局域性、要素间空间相互作用等因素的影响。

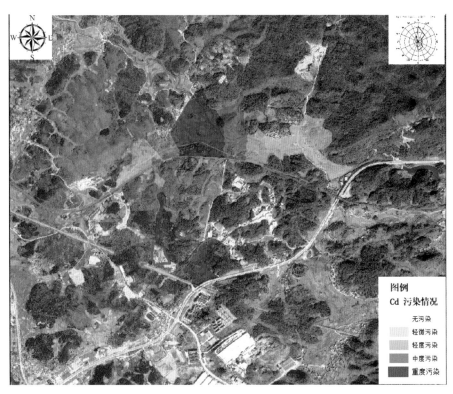

图 8-11　反距离权重插值法绘制污染分布图

因此，根据已知的空间数据选择合适的插值法是进行土壤重金属空间分析研究至关重要的一步。目前土壤重金属空间分析常采用精度比较法选择合适研究区的插值方法，这种比较方法国内外都有大量的研究。而从空间插值法的基本原理、影响因素方面来选择适合的土壤重金属空间插值法。空间插值研究在土壤重金属空间分布、污染预测方面得到广泛的使用。据相关研究，地统计学插值的使用频率和推荐率高于非地统计学插值法。普通克里格、反距离加权及径向基函数法是土壤重金属空间分析最常用的几种方法。

3. 生成污染平面图

以反距离权重法为例，绘制场地污染分布。通过导入 GIS 软件中的污染点数据，利用栅格插值中的反距离权重法，将图层中 Z 值字段选择图层中污染数据，选择适宜的相关参数，即可得到场地的污染平面图，如图 8-12 所示。最终成图可依据目的及要求对绘制的污染平面图进行修改。

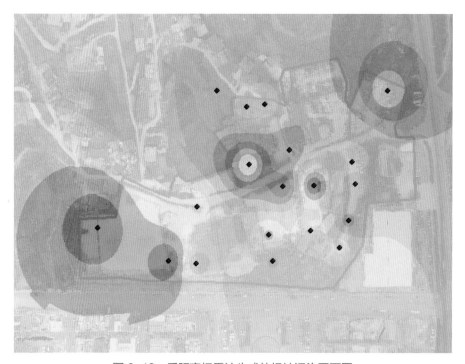

图 8-12　反距离权重法生成的场地污染平面图

四、水土流失调查监测

1. 植被覆盖因子监测

归一化植被指数（NDVI）对绿色植被表现敏感，是植被生长状态和植被覆盖度的最佳指示因子。*NDVI* 与植被覆盖度、光合作用等植被参数相关，常被用来进行区域植被状态监测。

NDVI 取值范围为 −1 到 1 之间，负值表示地面覆盖为云、水、雪等，对可见光高反射；0 表示有岩石或裸土等，*NIR*（近红外波段）和 *R*（红光波段）近似相等；正值，表示有植被覆盖，且随覆盖度增大而增大；

$$NDVI = (NIR - R) / (NIR + R) \tag{8-3}$$

由多光谱卫星遥感影像获取流域周边 *NDVI* 指数，就覆盖区域而言，*NDVI* 统计值最大为 0.90，最小值为 −0.47，平均值为 0.66。计算结果如图 8-13 所示。

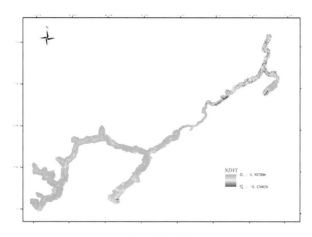

图 8-13 归一化植被指数专题图

植被覆盖度（指植被在地面的垂直投影面积占统计区总面积的百分比），是衡量地表植被状况的一个最重要的指标之一，是影响土壤侵蚀的关键抑制因子，也是水土保持监测中的主要植被指标，因此选择植被覆盖度是水土保持监测的重要区域环境因子（见图 8-14 和图 8-15）。

FVC 指数与 *NDVI* 指数有较大关联性，但 *NDVI* 指数受外部条件如植被覆盖、叶子颜色、土壤颜色和大气等因素的影响较大，同时 *FVC* 指数可与水利部《土壤侵蚀分级分类标准》（SL 190）中土壤侵蚀强度判定的相应指标结合，便于对复合指标叠加分析进行计算，故在植被中增加 *FVC* 指数的计算。

$$FVC = (b_1 < min) * 0 + (b_1 > min \text{ and } b_1 < max) * \\ ((b_1 - min) / (max - min)) + (b_1 > max) * 1 \tag{8-4}$$

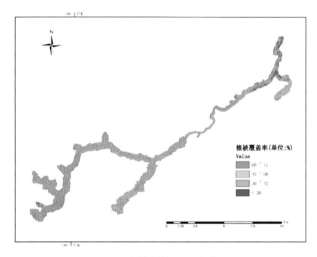

图 8-14 流域植被覆盖度专题图

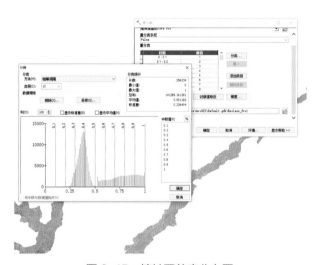

图 8-15 植被覆盖度分布图

2. 地形地貌因子

（1）坡度由 DEM 数据在 GIS 软件中通过坡度计算工具获得，首先由计算出的数据计算平均坡度、坡度标准差。随后利用栅格重分类，将坡度以"8°、15°、25°、35°"四个间隔划分为 5 个分区，便于后续结合《土壤侵蚀分级分类标准》与植被覆盖度进行叠图计算。坡度图重分类结果见图 8-16。

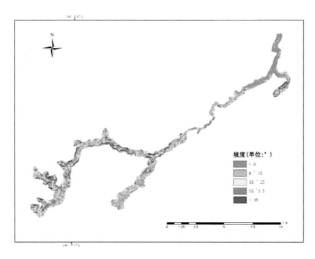

图 8-16 流域坡度划分

（2）对于坡向，由于不同坡向接受的太阳辐射不同，坡向对山坡的水光热资源进行重新分配，不同坡向的植被、气温、湿度以及土壤发育和土壤温度均有差异，从而影响到土壤侵蚀过程，故调查监测人员对流域坡向进行了计算。

坡向由 DEM 数据在 GIS 软件中通过坡向计算工具获得，据太阳入射角，结合项目区的地理位置特征，将东南、南、西南和西面的坡向定义为阳坡，而将北、西北、东北及东面的坡向定义为阴坡。而后根据栅格重分类，将坡向进一步划分出"平地、半阳坡、阳坡、半阴坡、阴坡"等五个坡向，划分结果见图 8-17。

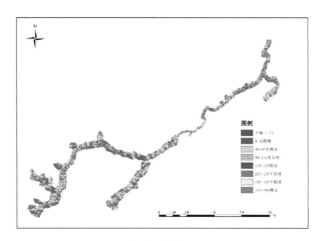

图 8-17 坡度的栅格重分类结果

3. 土地利用类型

土地利用是农业及各类生产活动对土壤侵蚀干扰程度的一个判定指标。如毁林开荒、陡坡耕种、减小植被覆盖度等人类农业生产活动，均直接加剧了土壤侵蚀。耕作过程虽然增加了土壤空隙度，但也破坏了土壤结构，减弱了土壤的耐冲性，直接促进土壤侵蚀。

由于现场调查监测期间，每日天气情况不同，且影像分辨率高、流域面积大，故在图像处理软件中对无人机航测影像采用面向对象的自动分类方法存在一定客观条件限制，故针对土地利用类型的数据采用了清华大学发布 2017 年全球 10m 分辨率的土地利用数据集，本次的无人机遥感影像作为校准、复核的辅助技术手段。

采用上述方法建立土地利用专题图，在专题图的基础上获取了流域周边范围内含土地利用和水土保持信息的分布，经过类型合并和要素提取，获得了该区域的土地利用统计。土地利用专题图见图 8-18。

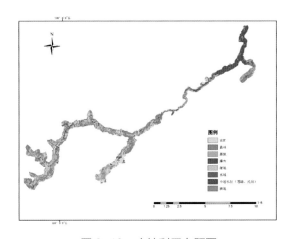

图 8-18　土地利用专题图

4. 水土流失强度叠加分析

在"植被覆盖度"与"地形地貌"部分，已分别对相应指标进行了定量计算，通过 GIS 软件中的"地图代数"和空间分析、数理统计对栅格进行计算分析、重分类，得到土壤侵蚀强度分布图。土壤侵蚀强度分布见图 8-19。

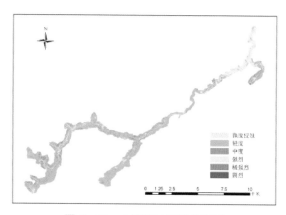

图 8-19 土壤侵蚀强度分布图

5. 土壤流失量测算

土壤流失面积的复核与确定的主要依据为《生产建设项目土壤流失量测算导则》，根据本项目已动工部位的特点，水土流失类型划分为水力作用下一般扰动地表型、工程开挖面上方有来水、工程开挖面上方无来水和工程堆积体上方有来水土壤流失四种情况。具体如表 8-1 所示。

表 8-1 项目土壤侵蚀类型遥感影像资料

土壤侵蚀类型	未扰动典型遥感影像	扰动中典型遥感影像
植被破坏型		

续表

土壤侵蚀类型	未扰动典型遥感影像	扰动中典型遥感影像
地表翻扰型		
上方有来水工程堆积体		

续表

土壤侵蚀类型	未扰动典型遥感影像	扰动中典型遥感影像
计算流程	**地表翻扰型一般扰动地表土壤流失量测算** M_{rf}=RKL$_{rf}$S$_2$BETA　　　　　　备注 请输入降雨侵蚀力因子：　　341.1　　查阅附录C 请输入土壤可蚀性因子：　　0.009798　　查阅附录C 请输入坡长：　　　　　　　3 请输入坡度：　　　　　　　15 请输入植被覆盖因子：　　　0.31　　参照规范6.2.6条计算 请输入工程措施因子：　　　1　　参照规范6.2.7条计算 请输入耕作措施因子：　　　1　　参照规范6.2.8条计算 请输入监测单元的水平投影面积：　1.71　　航测或现场测量 地表翻扰型一般扰动地表土壤流失量：　4.072452731　　单位：t	**植被破坏型一般扰动地表土壤流失量测算** M_{rf}=RKL$_{rf}$S$_2$BETA　　　　　　备注 请输入降雨侵蚀力因子：　　341.1　　查阅附录C 请输入土壤可蚀性因子：　　0.0046　　查阅附录C 请输入坡长：　　　　　　　3 请输入坡度：　　　　　　　15 请输入植被覆盖因子：　　　0.31　　参照规范6.2.6条计算 请输入工程措施因子：　　　1　　参照规范6.2.7条计算 请输入耕作措施因子：　　　1　　参照规范6.2.8条计算 请输入监测单元的水平投影面积：　2.76　　航测或现场测量 地表翻扰型一般扰动地表土壤流失量：　6.573081602　　单位：t

第九章 新能源规划设计与 GIS

第一节 概　　述

我国新能源储量巨大，国家对于新能源行业持续了十多年的政策支持，使得新能源发电装机规模持续快速增长，发展前景十分光明。目前新能源发电技术包括太阳能、风能、核能、海洋能以及生物能等，其中又以太阳能和风能为主。太阳能是人类能够广泛利用的能源之一，已成为人类生产生活所需能源的重要组成部分（见图 9-1）。我国的风能资源非常丰富，风能资源总量在 33.26 亿 kW 左右，约有 31.33% 的风能资源可以被利用（见图 9-2），大量的太阳能和风能规划设计工作成为当前新能源项目建设的重点。

图 9-1　光伏发电站

图 9-2　风力发电场

一、风电规划设计工作概况

风电工程设计主要包括项目宏观选址、风资源测量、规划设计、预可行性研究及可行性研究设计、项目核准申请报告编制及招标、施工图设计等阶段。其中项目宏观选址是项目前期阶段，主要根据收集的资料对场址进行初步估算和现场踏勘，完成宏观选址报告编制并通过内部和项目业主审查；风资源测量阶段主要任务是开展测风塔室内选址和现场踏勘，确定测风塔位置，完成建设、运行及维护；规划阶段则是进行项目规划设计，包括风电场选址、建设条件、规划装机容量、接入系统初步方案、环境影响初步评价、开发顺序以及下一步工作安排等内容，完成项目风电场规划报告编制；预可行性研究、可行性研究阶段主要工作内容是进行风资源评估、风电机组设计、风电场发电量设计及经济效益评估等，开展接入系统设计报告、环境影响评价报告、水土保持设计方案等相关报告编制；项目核准申请报告编制阶段主要是结合参照相关支持性文件，编制核准申请报告，获批项目核准证；招标、施工图设计阶段主要涉及项目微观选址，目标是获得项目精确、优化的发电量，并为业主投资提供可靠的依据，进而开展施工图设计，通过审查后提交现场施工，后期完成竣工验收，并网验收。风电规划设计专业工作流程如图 9-3 所示。

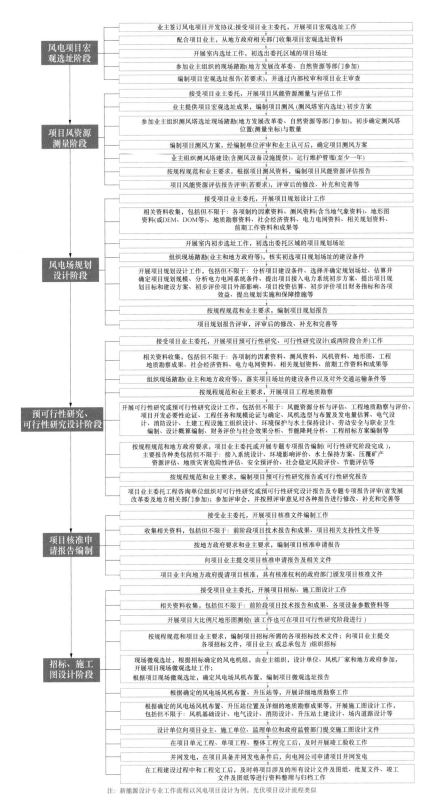

风电项目宏观选址阶段

业主签订风电项目开发协议;接受项目业主委托,开展项目宏观选址工作

配合项目业主,从地方政府相关部门收集项目宏观选址资料

开展室内选址工作,初选出委托区域的项目场址

参加业主组织的现场踏勘(地方发展改革委、自然资源等部门参加)

编制项目宏观选址报告(若要求),并通过内部校审和项目业主审查

项目风资源测量阶段

接受项目业主委托,开展项目风能资源测量与评估工作

业主提供项目宏观选址成果,编制项目测风(测风塔室内选址)初步方案

参加业主组织测风塔选址现场踏勘(地方发展改革委、自然资源等部门参加),初步确定测风塔位置(测量坐标)与数量

编制项目测风方案,经编制单位评审和业主认可后,确定项目测风方案

业主组织测风塔建设(含测风设备设施提供),运行维护管理(至少一年)

按规程规范和业主要求,根据项目测风资料,编制项目风能资源评估报告

项目风能资源评估报告评审(若要求),评审后的修改、补充和完善等

风电场规划设计阶段

接受项目业主委托,开展项目规划设计工作

相关资料收集,包括但不限于: 各项制约因素资料、测风资料(含当地气象资料)、地形图资料(或DEM、DOM等)、地质勘察资料、社会经济资料、电力电网资料、相关规划资料、前期工作资料和成果等

开展室内初步选址工作,初选出委托区域的项目规划场址

组织现场踏勘(业主和地方政府等),核实初选项目规划场址的建设条件

开展项目规划设计工作,包括但不限于: 分析项目建设条件、选择并确定规划场址、估算并确定项目规划规模、分析电力电网系统条件、提出项目接入电力电网初步方案、提出项目规划目标和建设方案、初步评价项目外部影响、项目投资估算、初步评价项目财务指标和各项效益、提出规划实施和保障措施等

按规程规范和业主要求,编制项目规划报告

项目规划报告评审,评审后的修改、补充和完善等

预可行性研究、可行性研究设计阶段

接受项目业主委托,开展项目预可行性研究、可行性研究设计(或两阶段合并)工作

相关资料收集,包括但不限于: 各项制约因素资料、测风资料、风机资料、地形图、工程地质勘察成果、社会经济资料、电力电网资料、相关规划资料、前期工作资料和成果等

组织现场踏勘(业主和地方政府等),落实项目场址的建设条件以及对外交通运输条件等

按规程规范和业主要求,开展项目工程地质勘察

开展可行性研究或预可行性研究设计工作,包括但不限于: 风能资源分析与评估、工程地质勘察与评价、项目开发必要性论证、工程任务和规模论证与确定、风机选型与布置及发电量估算、电气设计、消防设计、土建工程施工组织设计、环境保护与水土保持设计、劳动安全与职业卫生编制、设计概算编制、财务评价与社会效果分析、节能降耗分析、工程招标方案编制等

按规程规范和地方政府要求,项目业主委托或开展专题专项报告编制(可行性研究阶段完成),主要报告种类包括但不限于: 接入系统设计、环境影响评价、水土保持方案、压覆矿产资源评估、地质灾害危险性评估、安全预评价、社会稳定风险评价、节能评估等

按规程规范和业主要求,编制项目预可行性研究报告或可行性研究报告

项目业主委托工程咨询单位组织对可行性研究或预可行性研究设计报告及专题专项报告评审(省发展改革委及地方相关部门参加);参加评审会,并按照评审意见对各种报告进行修改、补充和完善等

项目核准申请报告编制

接受业主委托,开展项目核准文件编制工作

收集相关资料,包括但不限于: 前阶段项目技术报告和成果、项目相关支持性文件等

按地方政府要求和业主要求,编制项目核准申请报告

向项目业主提交项目核准申请报告及相关文件

项目业主向地方政府提请项目核准,具有核准权利的政府部门颁发项目核准文件

招标、施工图设计阶段

接受项目业主委托,开展项目招标、施工图设计工作

相关资料收集,包括但不限于: 前阶段项目技术报告和成果、各项设备参数资料等

开展项目大比例尺地形图测绘(该工作也可在项目可行性研究阶段进行)

按规程规范和项目业主要求,编制项目招标所需的各项招标技术文件;向项目业主提交各项招标文件,项目业主(或总承包方)组织招标

现场微观选址,根据招标确定的风电机组,由业主组织,设计单位、风机厂家和地方政府参加,开展项目现场微观选址工作;
根据项目现场微观选址,确定风电场风机布置,编制微观选址报告

根据确定的风电场风机布置、升压站等,开展详细地质勘察工作

根据确定的风电场风机布置、升压站站位置及详细的地质勘察成果等,开展施工图设计工作,包括但不限于: 风机基础设计、电气设计、消防设计、升压站土建设计、场内道路设计等

设计单位向项目业主、施工单位、监理单位和政府监管部门提交施工图设计文件

在项目单元工程、单项工程、整体工程完工后,及时开展竣工验收工作

并网发电,在项目具备并网发电条件后,向电网公司申请项目并网发电

在工程建设过程中和工程完工后,及时补齐项目涉及的所有设计文件及图纸、批复文件、竣工文件及图纸等进行资料整理和归档工作

注: 新能源设计专业工作流程以风电项目设计为例,光伏项目流程类似

图 9-3 风电规划设计专业工作流程图

二、光伏规划设计工作概况

近几年中国光伏产业飞速发展，光伏电站的装机地形也从平地，逐步扩展到山地等复杂地形，装机容量及电站规模在不断扩大。随着大量的光伏电站规划设计和总包工程项目的推进，光伏发电工程已经成为我国能源建设发展的重要支撑之一。

如果想合理地利用太阳能光伏资源进行发电，光资源评估、规划选址至关重要。如果在太阳能光伏电站选址时不科学、不合理，未经过专业的分析，这样会导致电量的损失、降低电站的收益，还可能会对电站周围的环境、地貌等造成不同程度的破坏。因此，在进行太阳能光伏能源电站选址时，一定要考虑多层次、多领域的影响因素。影响选址的相关外部因素整体可以分为宏观因素和微观因素两类。对于宏观因素，如气候、太阳总辐射、等量太阳时、地理位置、温度、人口分布、市场因素、生态环境及国土空间规划等。对于微观因素，如温度、风向、风速、降尘等。

如果想合理地利用太阳能光伏资源进行发电，方案规划设计也是至关重要的。针对复杂地形，传统光伏电站设计方式很难在用地条件有限的情况下做到光伏板最佳阵列排布，实现电站最佳经济性能比。因此，需探索在三维地形场景下结合项目勘察、辐射数据、国土空间规划数据等综合资料分析，快速开展光伏方案规划设计。山地地形的光伏电站规划设计过程中，光伏阵列随地形坡度布置是最佳选择。但是在实际工程中由于阵列间距控制较为复杂，随着地形起伏每块面板的倾角和方位角需要定性设计，且光伏面板随太阳移动容易出现光影遮挡问题。三维数字化规划设计可以依据地形模型对光伏面板实际情况布置进行仿真模拟，以验证设计中考虑地形、光伏面板和光照三个因素下光伏阵列布置的合理性。

综上所述，基于数字孪生思路，依托全真三维地形模型，开展正向设计成为光伏场区规划设计的重要发展方向，结合多平台优势，互补互融，达到工程设计方案最优化。

第二节　GIS 技术在新能源规划设计的场景应用

GIS 技术在新能源规划设计中的应用目前主要有以下几个方面：基于小比例尺的宏观选址、基础数据坐标系的转换、避让已建已规划重要工程、基于中大比例尺地形微观选址、工程项目管理与运维等。

为提高新能源规划设计效率，推进规划设计工作数字化转型，需充分发挥 GIS 和 BIM 技术优势，积极探索三维数字化设计之路，以期实现新能源专业各规划设计阶段的全部设计要素在三维实景环境下的数字化、可视化、协同化和平台化，实现工程方案"一张图"管理（见图 9-4）。

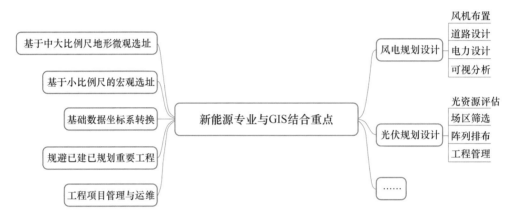

图 9-4　新能源专业与 GIS 结合重点图

以风力发电、光伏发电等新能源工程为重点，在充分调研新能源规划设计专业需求基础上，建设新能源规划设计专业 GIS 应用模块，提高设计工作效率和数字化水平。应用模块主要包括工程规划选址、资源评估、辅助设计、三维可视化展示、项目管理等功能。

一、数字风电规划设计

数字风电规划设计系统支持工程基础地理信息数据、地形数据、模型数据等的导入，能够实现与其他勘测专业数据共享，支持 GIS 辅助设计成果与 AutoCAD、BIM 等软件设计成果间相互转换。

1. 项目宏观选址阶段

在系统内置三维场景基础上，结合收集的相关资料和现场踏勘资料，开展项目宏观选址设计，图件作为项目宏观选址报告附件。

2. 项目风资源测量阶段

直接在系统上开展测风塔室内选址，结合现场查勘资料，绘制测风方案附图。项目测风结束后，在三维场景上结合风资源分析专业软件或定制模块对测风数据进行处理，对项目风资源进行三维可视化分析，获取项目风资源的空间特性和时间特性，编制风况表、风向玫瑰图、风速玫瑰图及风资源分布专题图件，作为项目风能资源评估报告附图。

3. 项目规划设计阶段

结合项目获取的地形、勘察、测风等成果资料，在系统上开展项目场址初步选择，结合现场查勘资料选定场址，然后在选定场址开展设计风机、场内道路、场内集电线路、升压站等项目总体布设方案设计，并初步选定对外交通运输方案，统计概略工程量，编制投资估算，完成项目规划报告编制附图设计工作。

4. 项目预可行性研究及可行性研究设计阶段

在系统上导入项目本阶段获取的地形、勘察、测风等资料，并结合现场查勘资料在通过审批的规划场址内开展工程总布置图设计。主要设计内容包括选定风机位置和类型、选定升压站位置、场内道路和集电线路初步选线、外交通运输道路改扩建设计，以及辅助开展环境影响评价、地质灾害危险性评估等专项专题设计工作。

5. 项目招标、施工图设计阶段

导入现场微观选址资料、大比例尺地形图、地质详勘等资料，确定风机和升压站准确位置、确定场内道路和集电线路定线等设计工作，完善项目工程总布置图设计。

6. 项目运营阶段

在数字风电规划设计系统基础上可继续完善升级，开发风电场智能巡检系统、风电场发电预测系统。风电场发电预测系统主要根据区域大范围地形、已收集的长期气象观测数据、气象部门中长期预报等资料，开展项目区域风能资源中长期预测，辅助制定风机检修计划和发电计划，充分利用风能资源的发电风机，实现风电场发电效益最大化。

二、数字光伏规划设计

数字光伏规划设计系统支持工程基础地理信息数据库和地形三维模型导入，能够实现与其他勘测专业数据共享，支持 GIS 辅助设计成果与 AutoCAD、BIM 等软件设计成果间相互转换。

1. 光资源评估

为准确评估可再生能源资源开发潜力，在考虑资源条件、地形坡度、离城镇距离、离路网距离，以及离电网情况等多重因素下，结合 GIS 空间分析和多标准决策方法，在三维模型上结合风资源分析专业软件或定制模块对测风数据处理，对项目风资源进行三维可视化分析，从技术和经济可开发潜力两方面给出资源评估结果，支持光伏开发场站资源进行决策分析。

2. 规划选址

在进行光伏电站选址时总体可以分为以下几个过程：首先是对相关影响因素进行分析，其次是获取相关的数据，之后选取合适的评价模型，最后分析光伏电站的区域，这四个主要部分关系密切，确定影响选址的因素、组织相关数据、合理的空间分析模型、各种分析模型的结合，辅以特定的应用模型和空间分析，在三维地形上进行数据分析及可视化，可支持系统、全面、科学地进行选址决策。

3. 方案设计

基于 GIS 空间分析，在三维地形上进行光伏影长分析、光伏板排布、道路设计、方阵智能分区及集电线路敷设、升压站、箱式变压器等项目总体布设方案设计，并初步选定对外交通运输方案，对比与论证多方案，辅助设计人员找出投资最优、发电量最大的排布方案，统计工程量和发电量，编制投资估算，完成项目规划报告编制附图设计工作。

4. 项目招标、施工图设计阶段

导入现场微观选址资料、大比例地形图、地质详勘等资料，确定光伏板具体排布、升压站、箱式变压器准确位置、确定场内道路和集电线路定线等设计工作，完善项目工程总布置图设计。

5. 项目施工运营阶段

在辅助设计系统基础上继续升级完善，开发光伏场区智能巡检系统，对场区进行监控巡检及光资源进行监控。光资源监测需满足能源、水利、气象、环保、大数据等多行业的要求，涵盖太阳能资源评估、实时监测、资源等级与测量、降水量监测、地面气象监测、大数据运用、光伏电站建设等方面的国家标准、行业技术要求，充分利用光资源，发挥光伏发电效益最大化。

三、专业成果汇报展示

新能源专业成果汇报除展示项目设计成果（包括为新能源设计服务的工程勘察、工程移民等其他专业成果）外，还提供规划设计阶段的成果实时查询展示，设计成果可在二维地图、三维地图（DEM + DOM）以及倾斜摄影模型上进行展示，进行多方案比对分析展示，现场可根据评审专家意见直接在工程区三维模型上对方案进行交互式调整，并估算方案调整的工程量，汇报更直观、现实、说服力强，极大提升规划设计成果汇报展示效果。

第三节　关键技术

围绕光伏和风电规划设计业务，为实现工程规划选址、资源评估、辅助设计、三维可视化展示、项目管理等功能开展关键技术研究。一方面，针对新能源规划设计开展业务梳理及算法研究，包括光伏资源评估及选址分析和光伏板影长计算等；另一方面，开展相关业务要素的参数化建模研究，包括参数化吊装平台、场区道路设计，以及光伏板模型构建等。

一、GIS 参数化建模技术

在新能源规划设计中，往往需要根据研究对象特征进行快速的模型构建工作，利用三维 GIS 对象参数化构建技术，实现模型快速调整及迅速构建，下面以风机吊装平台为例对 GIS 参数化建模技术进行说明。

山地风电场大多山高、坡度大、植被茂密，风电机组一般布置于山顶海拔相对较高的位置，风机周边可用地面积较小，为满足吊装平台的布置要求，需要对山顶进行削坡。山顶削坡处理降低了风机的设计标高，增加了土石方工程量，破坏了原始植被。如何快速地在真三维场景中构建风机吊装平台，判断风机吊装平台是否会对周围环境造成影响，对山地风电吊装平台设计尤为重要（见图 9-5）。

在此，借助参数化模型构建方法，将风机平台概化为如下"锁"状结构，利用圆形半径、吊装平台长，以及吊装平台宽度三个参数进行概化，并进行建模还原（见图 9-6）。

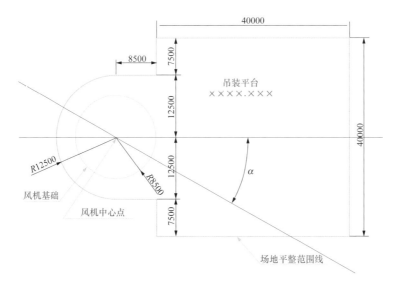

图 9-5　吊装平台示意图

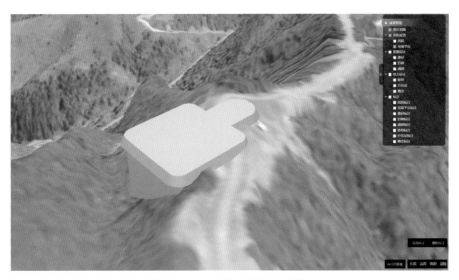

图 9-6　参数化吊装平台建模

二、BIM 参数化建模及应用

为满足更加专业化和细节化的模型构建需求，可以利用 BIM 进行参数化建模，与上述 GIS 参数化建模相比，利用 BIM 技术进行参数模型构建并进行分析，将模型和分析结果传回 GIS 端进行展示，下面以光伏板参数设计及影长分析为例，对该技术进行说明。

　　BIM 技术作为实现建筑信息化的途径，其应用范围涵盖建设工程项目全生命周期的各个方面，利用 BIM 模型参数化构建方法一方面可为光伏板布设场景展示提供模型，另一方面也可为工程量估算及计算提供依据。针对光伏板模型部件简单且构建规则的特点，可采用提前构建相关族库模型，通过调用族库参数化拼接的方式构建光伏板 BIM 模型。目前，主要还是根据光伏板组件宽度、组件长度、组件倾角以及支架参数，通过 Revit 服务，调用特定族库，完成光伏板及其之间的 BIM 模型构建（见图 9-7）。

图 9-7　参数化光伏板建模

　　光伏发电组件之间有最短距离要求，如果组件之间间距过短，会出现阴影遮挡，并由此带来功率损失。因此，需对组件安装间距进行计算。一般确定原则为冬至当天的上午 9∶00 ～下午 3∶00，光伏方阵不应被遮挡。

　　通过计算地形上 1m×1m 范围或自定义范围内，每点的南北向和东西向坡比，根据设计规定的支架宽度和支架倾角，假定该点会放置一个支架，这个支架在冬至日真太阳时上午 9∶00 ～下午 3∶00 产生的最大影长为该点前后板间距（见图 9-8）。

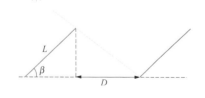

图 9-8　影长计算示意图

$$D = L\cos\beta + L\sin\beta\frac{0.707\tan\varphi + 0.434}{0.707 - 0.434\tan\varphi} \tag{9-1}$$

式中　*L*——光伏阵列倾斜长度，m；

　　　D——光伏阵列南北方向两排阵列之间距离，m；

　　　β——光伏阵列倾斜面倾角，（°）；

　　　φ——当地纬度，（°）。

对应的精细化影长计算都基于 BIM 模型进行并依托 BIM 软件进行运算，运算结果通过栅格化数据与 GIS 系统进行交互。

三、场区道路智能化布置

目前我国已建风电场多位于山地，同时我国也是少数开展山地光伏建设的国家，在进行风电场和光伏场区布置时，场区道路设计成为场区布置的重要环节，下文以风电场区道路设计为例进行场区道路智能化布置说明。

因山地地势高、风资源丰富，风电场建设未来发展重点也在山地地区，而风机设备需要较好的运输条件，但在道路设计中并没有针对风电场道路设计制定的规范，致使山地风电场的建设对风机设备的运输条件提出了更高的要求。因此，研究路网规划与道路选线问题在风电场建设中成为了至关重要的一环。

传统的风电场道路规划主要依托于 CAD（Computer Aided Design）辅助制图工具，如鸿业市政道路设计软件，该 CAD 辅助设计系统可用于山地风电场道路设计，原理是通过计算填挖方量来确定选线，并反馈二维道路平面布置图。虽然该 CAD 勘测设计系统能够实现自动选线，但是在复杂地形环境中仍需勘测对比才能获得最优方案。因此设计面向三维实景、满足风机设备运输道路自动选线的山地风电场路径规划系统是目前山地风电场道路设计的一个重要内容。

风电场场内道路是风机与风机之间、风机与升压站、进场道路之间的连接道路，用于满足风电场建设及维护期间的运输需求。风电场道路的设计既要满足超长、加宽风机设备的运输要求，又要在较大程度上减少填挖方量和修建成本。因此，需要利用 GIS 空间分析方法，辅助进行路网规划与选线，快速构建满足建设需要的场区道路，保证风机、升压站等的通达性。

四、资源评价及选址分析

在新能源场区选择过程中，对于能源资源的储备情况进行分析及筛选是必不可少的步骤，下面以太阳能资源评价与选址分析为例，对新能源场区资源评价及选址技术进行说明。

1. 太阳能资源地区差异

太阳能资源是影响光伏电站选址的重要影响因素，资源的丰富程度将直接影响光伏电站的发电量，进而影响项目的经济效益。我国属太阳能资源丰富的国家之一，由于国土面积辽阔，地区太阳能资源存在较大差异性，年日照时数大于 2000h 和年辐射量大于 5000 MJ/m^2 的地区超过全国地区面积的 2/3。仅中国陆地每年接收的太阳辐射总量约 $3.29×103 \sim 8.41×103MJ/m^2$，相当于 $2.42×104$ 亿 t 煤的储量。

我国太阳能资源可分为四类地区，划分标准参考《光伏并网电站太阳能资源评估规范》，如表 9-1 所示。

表 9-1　太阳能资源评估表

名称	年总辐射量 (MJ/m^2)	日总辐射量 (MJ/m^2)	平均日辐射量 (kW·h/m^2)	主要地区
最丰富区 I	>3600	>17.3	>4.8	主要是青藏高原、甘肃北部、宁夏北部、新疆南部、河北西北部、山西北部、内蒙古南部、宁夏南部、甘肃中部、青海东部、西藏东南部等地
很丰富区 II	5040 ~ 6300	13.8 ~ 17.3	3.8 ~ 4.8	主要是山东、河南、河北东南部、山西南部、新疆北部、吉林、辽宁、云南、陕西北部、甘肃东南部、广东南部、福建南部、江苏中北部和安徽北部等地
较丰富区 III	3780 ~ 5040	10.4 ~ 13.8	2.9 ~ 3.8	主要是长江中下游、福建、浙江和广东的一部分地区
一般区 IV	<3780	<10.4	<2.9	主要包括四川、贵州两省

2. 地理气象条件

在有条件的情况下，场地越平坦越好，这样场地利用率就越高。如果是山地电站，山体应是东西走势，有向南的坡度且坡度不宜过大。山体坡度一般不得大于 25°，山体坡度太大会导致水土保持审批难度大、施工难度会很大、施工机械很难上山作业等，项目造价会大大提高。

　　3. 限制性区域影响

　　在进行项目场地考察时，最先考察的就是土地性质，需要从国土和林业部门分别考察用地是不是基本农田、非林地等，土地性质决定项目能否开工建设。根据国家有关政策规定，光伏发电场地可以使用未利用土地，不得占用农用地；可以利用劣地的，不得占用好地；禁止以任何方式占用永久基本农田；严禁在国家相关法律法规和规划明确禁止的区域发展光伏发电项目。

第四节　新能源设计专业数据库设计

　　建设新能源设计专业数据库，一是将设计所需收集的资料（包括项目所在地气象、社会经济、电网资料、相关规划等资料）分析整理入库；二是将各设计阶段的资料（包括测绘、现场查勘、测风、地质勘察、前期设计成果等资料）整理入库；三是将项目勘测设计中各专业成果入库，实现多专业数据共享，开展项目勘测设计工作；四是收集项目所在地类似项目或同类工程相关资料入库，供项目设计参考。

　　风电专业数据库主要针对风电工程中的工程管理、风机布置、道路设计、电力设计、可视分析模块进行设计，根据项目开发实际需要，数据库按照统一的信息分类编码体系、统一的信息资源目录体系、统一的面向对象数据组织的原则进行设计。数据库设计采用 Navicat 作为数据建模工具，PostgreSQL 作为系统业务信息数据库，实现对数字风电设计系统中涉及的各类数据进行统一存储与管理，并利用 Redis 作为缓存数据库，为高频数据提供快速访问能力。数据库中包含多张专业数据表，用于系统内容资源和运维管理数据的存储。

　　数据表名称及信息表用于存储用户信息及权限信息、汇水线信息、风机及吊装平台信息、升压站信息、杆塔及挂点信息、箱式变压器信息、模板数据；风机信息表中则包括风机坐标信息、吊装平台 ID、工程 ID、模型 ID、旋转角度及比例信息；道路信息表包括工程 ID、道路宽度及地形路径等信息；电缆线标包括杆塔模型 ID、杆塔挂点信息、开始挂点坐标、结束挂点坐标等；箱式变压器信息表中包括箱式变压器形式、箱式变压器容量、电压等级、工程 ID、箱式变压器编号、箱式变压器坐标信息、箱式变压器角度信息和比例信息。

　　光伏发电专业数据库主要针对光伏发电工程中的工程方案库、设计参数库、基础资料库以及文件库进行设计，根据项目开发实际需要，数据库按照统一的信息分类编码体系、统一的信息资源目录体系、统一的面向对象数据组织的原则进行设计。根据光伏设计相关技术及系统流程要求，为相关气象数据、光照辐射数据、地理信息数据、BIM 模型数据以及光伏排布设计数据构建数据库，对数据进行有效的存储及管理，为开展光伏场区设计工作提供数据支持，并接入开源的光资源评估数据，并做到光资源数据实时查询。

　　数据库总体设计框架如图 9-9 所示。

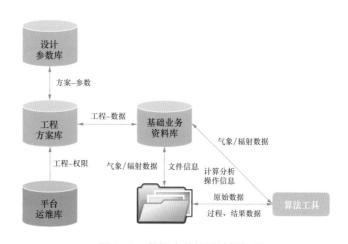

图 9-9　数据库总体设计框架图

第五节　数字风电规划设计系统

　　数字风电设计系统通过构建真三维场景辅助风电工程进行规划设计及展示，有效避免了二维平面设计不直观的问题，实现风电场区的三维场景展示及风机布置、电力设计等基础空间数据及三维模型的融合。基于 GIS 空间分析功能，及时论证设计方案的可行性及合理性。此外，基于高精度地形数据和高分辨率影像还原风电场区地形地貌，借助三维场景的可塑造性，在三维场景中进行交互式风电场风机布置、道路、杆塔、升压站等各类要素的快速设计，并叠加生态红线、基本农田等限制性要素图层进行叠规分析，为风电场前期规划设计提供智能、高效、便捷且直观的场站规划设计方式。本节主要对数字风电规划设计系统的开发建设情况、重点功能模块进行介绍，并对系统的应用情况进行实例展示。

一、系统简介

根据风电工程勘测设计需要，数字风电规划设计系统主要包括工程管理、风机布置、道路设计、电力设计、可视分析等模块，各模块功能点如表 9-2 所示。

表 9-2　数字风电设计系统建设内容

模块	功能点	功能描述
工程管理模块	工程筛选	通过关键字筛选工程
	工程列表	以列表形式展示工程，点击查看工程详细信息，并定位至地图相应位置
	添加工程	支持添加工程
风机布置	风机布置	导入风机位置信息的 Excel 表格（xyz 坐标）； 选择风机模型展示风机位置
	间距检测	输入风机叶轮直径 D，设置可调整的距离参数 $2 \sim 5D$ 为最小半径进行检测，不合格的风机点位高亮显示
	吊装平台	设置基础平台半径、高程，吊装平台的边长、半径、旋转角度等参数，并根据平台中心点位置生成吊装平台
	开挖量计算	设置放坡坡度、回填坡比，并根据基础平台高程和吊装平台高程计算填挖方量
道路设计	路径推荐	设置最大坡度和转弯半径自动生成道路
	道路导入	导入道路中心线（shp 数据），设置道路宽度，选择道路表面纹理并展示
	挡墙	绘制挡墙范围，设置挡墙高度和宽度，选择挡墙样式并展示
	涵洞	选择水系图和道路数据，计算其相交区域并设置涵洞示意
电力设计	铁塔设计	（1）导入铁塔位置数据并选择铁塔样式； （2）支持修改导线挂点、铁塔高度和旋转角度并生成铁塔； （3）自动生成电缆线路径
	升压站	导入升压站数据并选择样式，自动生成升压站模型

续表

模块	功能点	功能描述
电力设计	箱式变压器布置	上传箱式变压器位置数据的 Excel 表格，选择箱式变压器模型后生成箱式变压器
可视分析	噪声分析	选择风机点位，设置缓冲半径，计算并生成影响范围
	视域分析	输入或拾取观察点坐标，进行可视域分析
辅助模块	系统登录、退出	系统对输入的用户名和密码进行验证，通过即可进入系统；退出系统后回到登录界面
	用户信息	用户可查看和修改个人信息
	权限控制	根据用户所具有的权限，对用户进行功能和数据的权限控制
	日志管理	日志记录：系统运行过程中，自动记录用户登录、数据入库、数据更新、系统运行操作等日志
		日志查询：可根据日志类型、操作时间、关键字等对日志进行筛选
		日志查询：可查看日志详细信息并导出日志

各功能模块用户对应使用场景如表 9-3 所示。

表 9-3　用户场景表

用户	应用场景
工程管理用户	工程创建、编辑、设计进展查询
风机布置人员	风机布置的创建、间距的检测、吊装平台的生成
道路设计人员	道路查询和创建、挡墙设计、涵洞设计、标牌标注数据的录入
电力设计人员	铁塔位置的创建、缆线路径的生成、缆线计价、箱式变压器布置
可视分析人员	噪声分析、可视分析
管理员	用户权限管理、系统日志管理

二、技术架构

（一）平台架构

根据系统建设内容，数字风电规划设计系统采用结构化设计和面向对象设计理念，平台架构如图 9-10 所示。

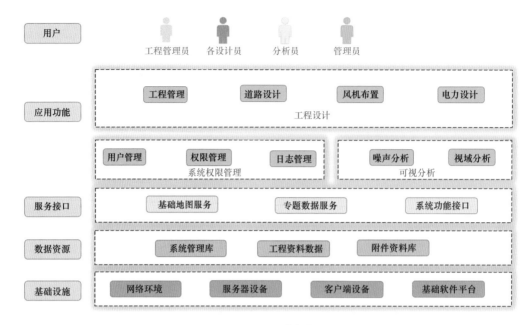

图 9-10　平台架构图

平台架构分为基础设施层、数据资源层、服务接口层、应用功能层和用户层，各层主要作用如下。

1. 基础设施层

提供基础的软硬件设施，如服务器、操作系统、客户端、数据库和 Web 服务器软件等。

2. 数据资源层

用于存储并提供系统相关的各类数据，包括工程资料数据、附件资料库和系统管理数据。

3. 服务接口层

包括基础底图服务和专题空间数据服务，以及外部系统功能接口；此外还提供本系统各个模块对应的功能接口。

4. 应用功能层

即根据用户需求设计开发的功能模块，包括工程管理模块、风机布置模块、道路设计模块、电力设计模块、可视分析模块。

5. 用户层

包括工程管理员，各设计人员（道路设计人员、风机设计人员、电力设计人员），分析员，系统管理人员。

（二）软件设计技术路线

软件的设计主要采用以下技术路线：

（1）采用构件化的设计思想，为系统提供良好的开放性和可扩展性。

（2）采用 XMind 软件进行系统功能梳理与逻辑设计。

（3）采用 Microsoft Visio 作为面向对象分析与系统建模工具。

（4）采用 MockPlus 作为界面原型和交互设计工具，采用 Photoshop 作为系统界面设计工具。

（5）采用 Navicat 进行数据结构设计和数据库建模设计。

（三）数据存储管理技术路线

数据管理按照统一的信息分类编码体系、统一的信息资源目录体系、统一的面向对象数据组织的原则进行设计。数据管理设计依据以下技术路线：

（1）数据库设计采用 Navicat 作为数据建模工具。

（2）采用主流关系数据库 PostgreSQL 进行数据的存储管理，对系统中涉及的各类数据进行统一存储与管理。

（3）结构化表格统一使用 PostgreSQL 表格进行管理。

（4）非结构化数据，如流程关键节点的会议纪要等，采用文件库的方式进行编目存储。

（四）开发技术路线

开发技术路线如下：

（1）采用 B/S 架构实现，采用多层的体系结构。

（2）采用 JavaScript + HTML + CSS 作为开发语言。

（3）采用流行的 VUE.js 作为前端开发框架。

（4）采用 ArcGIS JavaScript API 作为 GIS 二次开发组件。

（5）采用 REST Service 作为客户端数据获取途径，客户端代码不直接访问数据库。

（五）接口服务开发技术路线

业务系统各个功能模块均需调用后台接口服务，以访问数据资源，接口服务开发采用如下技术路线：

（1）系统后台框架采用微服务架构进行搭建。

（2）采用 Java 语言编写代码，采用 IntelliJ IDEA 作为集成开发环境。

（3）采用 SSM 框架，即 Spring + Spring MVC + MyBatis，严格按照规范定义各个配置文件，添加详尽注释。

（4）采用 Tomcat 作为服务接口部署环境。

（5）采用标准 REST Service 定义接口，采用 JSON 和 GeoJson 作为数据传输格式。

（6）采用 GeoTools 或 GDAL 作为服务端 GIS 数据转换处理和空间分析功能开发组件。

（7）采用标准 POST、GET 操作定义接口，明确输入参数、返回值，并以文档约束。

（8）统一定义各个接口返回代码值的含义及返回值的数据结构。

三、重点功能模块

数字风电规划设计系统基于高精度地形数据和高分辨率影像，在三维场景中进行风机、道路、杆塔、升压站等要素的规划布置，并根据生态红线、基本农田等敏感因子进行叠规分析，为风电场前期规划设计提供智能、高效、沉浸式的场站规划设计。

1. 风机自动布置

数字风电规划设计系统能够通过参数化构建风机及吊装平台，快速完成风机布置工作，并进行风机间距检测分析及开挖量计算，输出三维布置方案。风机自动布设模块包含风机查询、风机模型创建、间距检测、吊装平台等。

风机查询支持条件过滤、关键字检索、常用查询、风机布置详情。条件过滤能够提供按风机布置状态、工程名称、所属地区等属性条件进行工程过滤查询。关键字检索提供按工程名称或工程描述信息中的关键字进行工程检索的功能。常用查询提供待布置风机工程、已布置风机工程等常用工程的查询检索功能。风机布置详情指通过点击表格中的某个工程，查看风机布置详情，可编辑风机模型的详细信息，风机位置、风机间距、吊装平台、填挖方量等（见图 9-11 和图 9-12）。

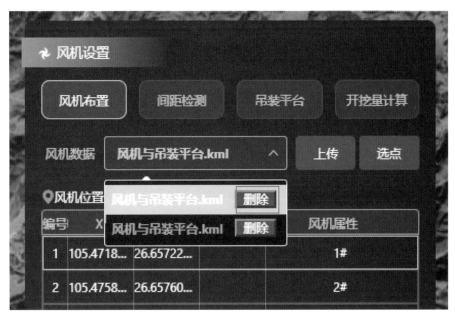

图 9-11　风机数据的查询与检索

图 9-12　风机数据导入与展示

风机模型创建支持模型选择、位置导入。模型选择可以通过选择已导入到系统的风机 BIM 模型，并在地图上进行显示，风机 BIM 模型可从 BIM 模型族库中导出，并在

GIS 三维地图引擎中进行展示。位置导入支持风机位置模板文件导入或者在地图上进行点击粗选，模板文件可进行预设后导入到系统中，供下载和使用，通过导入带风机坐标的 Excel 文件，实现对工程下的风机模型进行位置导入（见图 9-13）。

图 9-13　风机模型选择与位置导入

间距检测支持检测参数设置、间距检测功能。检测参数设置包括风机叶轮的标准直径和检测直径，间距检测按检测直径对已导入的风机模型进行检测，输出风机异常报表，并在地图上对异常风机高亮显示（见图 9-14）。

图 9-14　风机间距检测功能示意图

吊装平台支持参数设置、吊装平台生成、挖填方计算。参数设置能在地图上标注基础的位置，并设置基础平台半径、高程，吊装平台的边长、半径、旋转角度等参数，可根据 DEM 数据自动获取基础平台的高程信息。吊装平台生成能够根据基础平台的中心点位置生成吊装平台，以及获取吊装平台的高程（见图 9-15）。挖填方计算能够设置放坡坡度、回填坡比，并根据基础平台高程和吊装平台高程计算填挖方量（见图 9-16）。

图 9-15 风机吊装平台生成

图 9-16 风机开挖量计算

2. 道路设计

基于风电工程场区道路设计原则，数字风电规划设计系统中可通过输入最大坡度值等条件，自动计算并推荐最优道路（见图 9-17），再结合 GIS 分析实现汇水线计算以及风机可达性分析，快速完成涵洞分析。

道路创建支持三种形式的创建，分别为路径推荐、已有道路数据导入和手动绘制道路（见图 9-18）。路径推荐需要在 GIS 三维地图上设置道路起止点坐标位置，再输入推荐路径的最大坡度、道路宽度、表面纹理参数后，自动生成推荐的路径，并在地图上进行显示，设置完成后，点击计算按钮，即可完成路径推荐。已有道路数据导入需要将道路中心线 shp 数据导入到平台中，再设置道路的显示参数（道路宽度、表面纹理），即可在地图上进行显示。手动绘制道路只需在地图上对道路走向进行标绘即可，再选择纹理和道路宽度后点击保存即可在地图上进行展示（见图 9-19）。

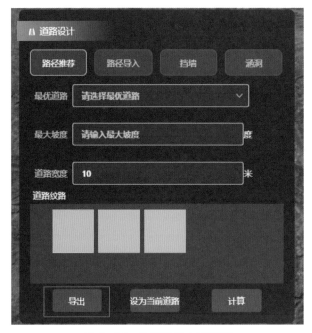

图 9-17　路径推荐功能界面

图 9-18　已有道路数据导入功能

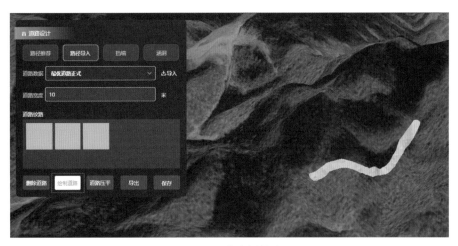

图 9-19　手动绘制道路界面

道路设计还包括快速便捷的挡墙设计、涵洞设计，挡墙设计在地图上绘制挡墙范围，设置挡墙高度、宽度、纹理样式及已设置的范围和显示参数后即可实现挡墙设计（见图9-20）。涵洞设计则需要先进行汇水线计算，再与道路进行叠加相交分析，最后输出涵洞推荐表，并在地图上进行位置显示（见图 9-21）。

3. 电力设计

电力设计模块是基于参数化建模算法实现杆塔、输电线路的一键式分析，快速实现风电场区的电力设计。电力设计包括杆塔设计、升压站、箱式变压器布置设计等，杆塔设计可通过导入模板，实现杆塔位置的自动识别。此外，杆塔还需要进行导线挂点的自动生成，需要提供杆塔模型的挂点位置、杆塔高度、旋转角度等信息。输入完成后，即可在风电工程场区查看电力设计成果。升压站设计则需要导入升压站数据并选择升压站模型，即可在 GIS 三维场景中展示升压站模型。箱式变压器布设则可通过定义好的模板文件，通过导入模板文件的形式，实现对箱式变压器布设成果的 GIS 三维展示（见图 9-22）。

4. 可视设计

基于风电设计要求，在方案设计基本完成后，可以实现对噪声影响范围和定点可视域进行分析。为项目选址、环境影响评价提供依据。主要包括噪声分析和视域分析，噪声分析可以通过输入额定功率与噪音大小，即可在地图上直观展示噪音影响范围；视域分析可选择观察点与目标点，即可实现视域分析（见图 9-23）。

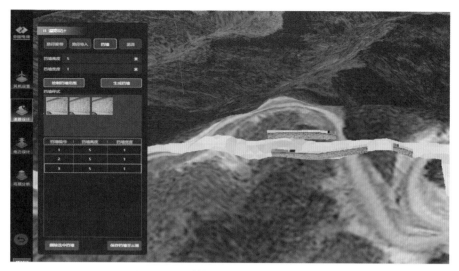

图 9-20　挡墙设计功能界面及示意

图 9-21　汇水线计算及涵洞设计

图 9-22　电力设计效果图

图 9-23　可视分析效果图

四、系统应用展示

以某风电勘测设计项目为例，利用数字风电规划设计系统，开展三维 GIS 场景构建、风机布设、道路设计、电力设计等，实现了风电项目勘测设计工作数字化、可视化、平台化操作，为设计人员合理规划、科学设计提供了有效的技术手段，为风电勘测设计数字赋能打下了坚实基础。

1. 风机自动布设

该风电项目中，通过导入含有风机坐标位置的 xls 文件，平台自动识别并以列表形式展示风机属性信息，再选择平台集成的风机模型，即可在三维地图引擎上展示出风机。此外，风机的吊装平台也可以通过 xls 文件进行导入，平台会以列表形式对吊装平台属性进行展示，在属性列表中可对吊装平台的角度、高度等进行修改，使之与风机相匹配（见图 9-24）。

2. 道路设计

通过识别风机坐标位置，输入道路最大坡度参数、道路宽度、道路纹路等信息，平台可自动计算并生成风电场区道路，将风机进行自动连接。道路生成后，还可以进行挡墙、涵洞设计，涵洞设计会基于地形先进行汇水线计算，然后与道路进行叠加分析，得到涵洞位置（见图 9-25）。

图 9-24　风机自动布设效果

图 9-25　道路设计效果

3. 电力设计

该项目场区内的电力设计较复杂，电力线路设计可通过导入杆塔 kml 数据或在地图上进行选点的方式确定杆塔位置，其属性信息会在列表中进行展示。此外，系统中集成有杆塔的 BIM 模型可供选择，通过选择杆塔类型并设置杆塔挂点后，输入导线弧度、模型比例参数，即可批量生成杆塔与导线数据。而升压站与箱式变压器布置，则可通过导入位置信息，选择对应的模型即可完成升压站与箱式变压器布置（见图 9-26）。

图 9-26 电力设计效果

4.可视分析

除风机布设、道路设计、电力设计外，还可进行可视分析，通过在三维地图场景中，选择观察点，以及观察目标，即可进行可视分析，绿色区域为可视范围，红色区域为不可视范围（见图 9-27）。

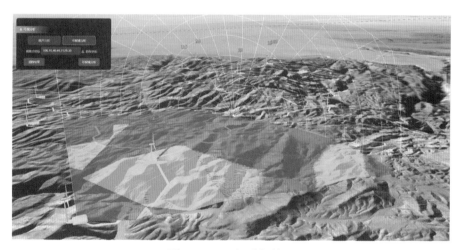

图 9-27 可视分析效果

第六节　数字光伏规划设计系统

结合国内及海外光伏市场需求，进行基于 GIS 技术数字化光伏设计研究，按照数字孪生建设思路，构建一套以 GIS 技术为基础，融合参数化 BIM 模型构建方式，支撑数字化光伏设计的三维设计体系，能够满足光伏资源评价、自动对规、优化选址、电气单元设计、光伏板自动布设、电缆自动化排布、场区道路设计以及工程量估算等功能要求，打通设计成果数据与 Revit 模型转换通道，实现光伏板参数化 BIM 设计，光伏板模型成果与 GIS 体系融合，实现光伏场区快速布设。本节主要对数字光伏设计系统的开发建设情况、重点功能模块进行介绍，并对系统的应用情况进行实例展示。

一、系统简介

根据光伏工程勘测设计需要，数字光伏设计系统主要功能模块如表 9-4 所示。

表 9-4　数字光伏设计系统主要功能模块

模块	功能点	功能描述
工程管理	新建工程	提供创建工程的功能，用户输入工程信息后点击保存即可完成工程创建
	工程查新	提供根据工程名称关键字查询的功能
	工程详情	可查看工程详情，支持编辑、删除工程；支持设置影像底图和工程地形；支持查看、添加和删除工程方案
场区筛选	创建工作区	提供绘制、导入、查看和删除工作区的功能
	创建限制性区域	提供绘制、导入、查看和删除限制性区域功能
	合规性分析	提供根据工作区和限制性区域计算最终工作区域的功能
	日照分析	支持用户输入或选择日照分析相关参数并进行计算
	地形分析	提供根据网格精度进行坡度坡向分析功能
	场区筛选	提供根据坡度坡向计算可用区域的功能，并支持设置当前方案
阵列排布	组件设计	提供组件信息和布置参数设置功能
	影长计算	提供根据组串姿态、时间、影长参数进行影长计算的功能
	整列排布	提供输入阵列排布参数并生成排布的功能
	立柱布置	提供立柱参数设置并生成立柱的功能
	阴影模拟	提供阴影模拟分析功能
	道路设计	提供场区内道路设计成果导入及绘制功能
	发电单元设计	提供设计发电单元的功能
	方阵分区	提供方阵分区计算、分区列表管理功能
	工程量统计	提供统计工程量功能

二、技术架构

（一）平台架构

根据系统建设内容，数字光伏设计系统采用结构化设计和面向对象设计理念，平台架构如图 9-28 所示。

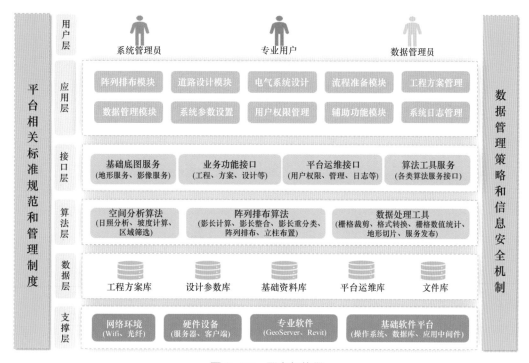

图 9-28 平台架构图

平台架构分为软硬件支撑层、数据中心层、服务接口层、应用系统层，各层主要作用如下。

1. 软硬件支撑层

主要包含支持系统运行的软件和硬件设备，包括服务器（含应用服务器、数据库服务器和文件服务器）、PC 客户端；软件主要含有 Windows Server 和 CentOS 操作系统，MySQL 数据库、基础软件如 IIS 和 Apache、专业平台软件 GeoServer 和 Revit Server 等。

2. 数据中心层

主要为系统管理的数据资源内容，由文件库、平台运维库和业务数据库、工程方案库、设计参数库组成，其中文件库存储用户上传的各类地形、栅格、矢量数据、辐射和气象数据文件等；业务数据库包含解析后的气象数据和辐射数据；工程方案库包含工程项目和设计方案信息；设计参数库包含各个设计方案中各个设计环节具体的参数信息。数据层包含了相关数据资源，表现为逻辑库，具体的数据存储根据数据的种类与使用方式的不同可以由 MySQL、Elasticsearch 或文件系统进行存储。

3. 服务接口层

服务接口层是介于数据层与应用之间的纽带桥梁，用于为应用层及外部系统提供 GIS 地图服务、算法工具服务、业务数据接口和业务功能接口。

4. 应用功能层

根据不同的功能需求，完成相应的业务功能组件，包括基础支撑的数据管理模块、工程方案管理模块和辅助功能模块，以及为光伏选址分析服务的流程准备模块，核心设计相关的电气系统设计模块、阵列排布模块和道路设计模块。

5. 用户层

主要包含了新能源专业用户、系统管理员和数据管理人员等。系统管理人员进行平台的维护；新能源专业用户通过系统进行工程和方案管理、选址分析、阵列排布设计和道路设计等工作；数据管理人员主要进行数据管理维护。

（二）数据存储管理技术路线

数据管理按照统一的信息分类编码体系、统一的信息资源目录体系、统一的面向对象数据组织的原则进行设计。数据管理设计依据以下技术路线：

（1）数据库设计采用 Navicat 作为数据建模工具。

（2）采用主流关系数据库 PostgreSQL 进行数据的存储管理，对风电设计系统中涉及的各类数据进行统一存储与管理。

（3）结构化表格统一使用 PostgreSQL 表格进行管理。

（4）非结构化数据，如流程关键节点的会议纪要等，采用文件库的方式进行编目存储。

（三）开发技术路线

开发技术路线如下：

（1）采用 B/S 架构实现，采用多层的体系结构。

（2）采用 JavaScript + HTML + CSS 作为开发语言。

（3）采用流行的 VUE.js 作为前端开发框架。

（4）采用 ArcGIS JavaScript API 作为 GIS 二次开发组件。

（5）采用 REST Service 作为客户端数据获取途径，客户端代码不直接访问数据库。

（四）接口服务开发技术路线

业务系统各个功能模块均需调用后台接口服务，以访问数据资源，接口服务开发采用如下技术路线：

（1）系统后台框架采用微服务架构进行搭建。

（2）采用 Java 语言编写代码，采用 IntelliJ IDEA 作为集成开发环境。

（3）采用 SSM 框架，即 Spring + Spring MVC + MyBatis，严格按照规范定义各个配置文件，添加详尽注释。

（4）采用 Tomcat 作为服务接口部署环境。

（5）采用标准 REST Service 定义接口，采用 JSON 和 GeoJson 作为数据传输格式。

（6）采用 GeoTools 或 GDAL 作为服务端 GIS 数据转换处理和空间分析功能开发组件。

（7）采用标准 POST、GET 操作定义接口，明确输入参数、返回值，并以文档约束。

（8）统一定义各个接口返回代码值的含义及返回值的数据结构。

三、重点功能模块

（一）光伏资源评价及选址分析

1. 日照条件分析

通过导入公开日照辐射监测数据，通过内插计算，获取特定区域辐射及山体阴影遮挡。计算参数输入如表 9-5 所示。

表 9-5　日照时间

输入项	数据类型	输入来源	输入方式	备注
场区经度	数字	用户输入	键盘输入	进入日照分析模块后系统自动生成，可进行修改
时间类型	文本	用户选择	鼠标点击	
日期	日期	用户选择	鼠标点击	
时间	时间	用户选择	鼠标点击	
取消操作	事件	用户点击	鼠标点击	
确定操作	事件	用户点击	鼠标点击	
时间间隔	文本	用户选择	鼠标点击	点开下拉列表选择时间间隔
遮挡计算次数	数字	自动生成	系统生成	根据时间间隔计算生成
网格精度	文本	用户点击	鼠标点击	

辐射强度及山体阴影遮挡情况如图 9-29 和图 9-30 所示。

图 9-29　辐射强度图

图 9-30　山体阴影图

2. 地理条件分析

光伏场区建设，主要受坡度和坡向影响，通过对输入地形的分析，可以得到相应的坡度和坡向图层，计算参数输入如表 9-6、图 9-31、图 9-32 所示。

表 9-6 地理条件分析输入参数

输入项	数据类型	输入来源	输入方式	备注
网格精度	事件	用户选择	鼠标选择	
显示间隔	事件	用户点击	鼠标点击	网格精度为 1m 时输入
东西间隔	数字	用户输入	键盘输入	网格精度为 1m 时输入
南北间隔	数字	用户输入	键盘输入	网格精度为 1m 时输入
计算	事件	用户点击	鼠标点击	
下一步	事件	用户点击	鼠标点击	

图 9-31 坡向示图

图 9-32 坡度示图

3. 限制性区域划定

光伏场区规划建设，往往会涉及生态红线、基本农田保护以及公益林范围等限制性因素影响，可通过导入限制性区域范围，利用 GIS 叠合分析自动对该类限制性区域进行合规。计算参数输入如表 9-7 所示。

表 9-7　限制性区域划定输入参数

输入项	数据类型	输入来源	输入方式	备注
绘制	事件	用户点击	鼠标点击	
绘制操作	事件	用户选择	鼠标选择	在地图上绘制范围
导入	事件	用户点击	鼠标点击	
隐藏 / 显示	事件	用户点击	鼠标点击	隐藏 / 显示工作区
删除操作	事件	用户点击	鼠标点击	选择要删除的范围，点击删除按钮进行删除

4. 参数化选址

结合日照条件分析、地理条件分析以及限制性区域划定结果，通过设置阈值参数，优选符合参数设置条件的区域。计算参数输入如表 9-8 所示。

表 9-8　参数化选址输入参数

输入项	数据类型	输入来源	输入方式	备注
辐射损失小于	文本	用户选择	鼠标选择	
辐射损失	数字	用户输入	键盘输入	
遮挡率小于	文本	用户选择	鼠标选择	
遮挡率	数字	用户选择	鼠标选择	
南坡坡度小于	文本	用户选择	鼠标选择	
南坡坡度	数字	用户选择	鼠标选择	
北坡坡度小于	文本	用户选择	鼠标选择	
北坡坡度	数字	用户选择	鼠标选择	
东坡坡度小于	文本	用户选择	鼠标选择	
东坡坡度	数字	用户选择	鼠标选择	
西坡坡度小于	文本	用户选择	鼠标选择	

续表

输入项	数据类型	输入来源	输入方式	备注
西坡坡度	数字	用户选择	鼠标选择	
计算	事件	用户点击	鼠标点击	
可用区域图示	事件	用户点击	鼠标点击	

参数设置界面及计算结果如图 9-33 所示，绿色部分为符合参数设置条件的区域。

图 9-33　适宜建设区域示图

（二）GIS+BIM 参数化光伏模型构建

根据光伏板电气参数设置，调用相关族库模型，对光伏板电气单元及支架进行设计并构建三维 BIM 模型，该模型可导出至三维实景中展示并计算不同时段阴影范围、大小等（阴影分析）。通过设置组件信息和布置参数，调用族库构建光伏板三维模型，相关参数如表 9-9 所示。

表 9-9　GIS+BIM 参数化光伏模型构建参数

输入项	数据类型	输入来源	输入方式
组件宽度	数字	用户输入	键盘输入
组件长度	数字	用户输入	键盘输入
组件厚度	数字	用户输入	键盘输入
组件功率	数字	用户输入	键盘输入

续表

输入项	数据类型	输入来源	输入方式
自定义	事件	用户点击	鼠标点击
面板颜色	事件	用户点击	鼠标点击
框架颜色	事件	用户点击	鼠标点击
确认操作	事件	用户点击	鼠标点击
组件南北间隙	数字	用户输入	键盘输入
组件东西间隙	数字	用户输入	键盘输入
组件串数	数字	用户输入	键盘输入
组件行数	数字	用户输入	键盘输入
布置方向	文字	用户选择	鼠标选择
组件列数	数字	用户输入	键盘输入
组件倾角	数字	用户输入	键盘输入

参数化光伏板设计效果如图 9-34 所示。

图 9-34　GIS+BIM 参数化光伏模型构建效果

BIM 模型统一转换为 gltf 格式文件，融入 WEBGIS 系统中，参与影长计算及场区阵列排布。排布效果如图 9-35 所示。

图 9-35　光伏场区排布效果

四、系统应用展示

以某山地光伏勘测设计项目为例，利用数字光伏设计系统，实现光伏场区三维正向设计。

1. 地形准备及导入

地形文件通常使用 asc 格式栅格地形或 dxf 格式矢量地形。准备好数据后，选择文件进行上传，上传完成后便会自动构建三维地形场景，如图 9-36 所示。

图 9-36　三维地形效果图

2. 光伏场区筛选

完成地形导入及三维地形场景构建后，以三维地形场景为基底，进行工作区选择、辐射分析、坡度坡向分析以及限制区域叠置分析，并利用分析结果参数化选择适宜建设区域。

工作区选择：通过绘制或导入 kml 文件，划定工作区范围。工作区范围一旦划定，后续计算将只在该范围内进行。工作区如图 9-37 所示。

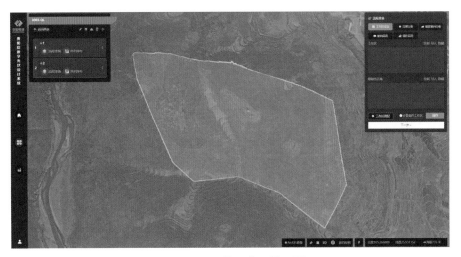

图 9-37 工作区范围效果图

日照分析：依据光伏场区所在地区位置，计算辐射累积量及山体阴影。如图 9-38 和图 9-39 所示。

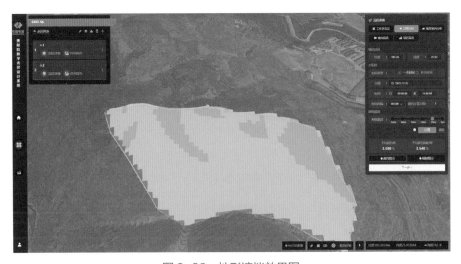

图 9-38 地形遮挡效果图

图 9-39　辐射累计效果图

坡度坡向分析：根据工作区地形条件，计算坡度坡向，如图 9-40 和图 9-41 所示。

图 9-40　地形分析坡度效果图

图 9-41　地形分析坡向效果图

　　光伏场区筛选：根据上述计算结果，设置辐射损失率、遮挡率及坡度坡向边界条件数据，自动筛选满足边界条件的区域，如图 9-42 所示。

图 9-42　场区可用范围效果图

3. 光伏场区布设

　　光伏板参数设计：通过设置光伏板组件信息及布置参数，构建光伏板 BIM 模型，如图 9-43 所示。

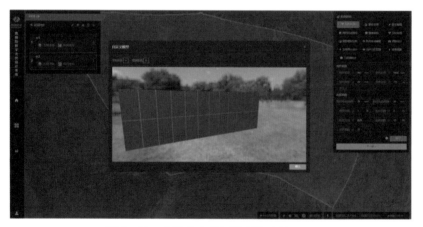

图 9-43　参数化光伏板模型构建效果图

　　影长计算：根据光伏板模型，计算其在地表任意位置的影长，如图 9-44 所示。

图 9-44 影长计算效果图

光伏场区自动布设：根据影长计算结果，按照光伏板互不遮挡的原则，完成全场区自动布设，布设结果如图 9-45 所示。

图 9-45 光伏场区排布效果图

道路设计：光伏场区内道路设计可以通过 dxf 或 kml 文件导入道路中心线，或直接绘制的方式，道路设计效果如图 9-46 所示。

工程量统计：完成光伏板布设后，结合 BIM 模型及建模参数，统计工程量清单，如图 9-47 所示。

图 9-46　道路设计效果图

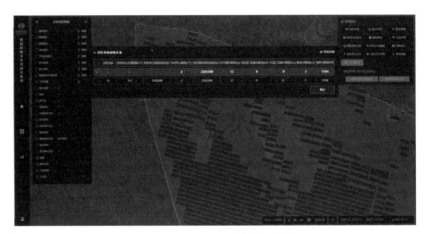

图 9-47　工程量统计效果图

第十章 总结与展望

第一节 总 结

本书是工程技术人员多年来将 GIS 技术结合 BIM 技术开展勘测设计应用的总结，虽然应用范围不广、应用程度不深，但对于如何打通工程勘测设计中各专业的数据障碍、提高工程勘测设计效率取得了一些成果和经验，走出了采用"GIS + BIM"技术实现工程勘测设计全过程数字化生产的道路。

一、建立地理信息公共服务平台，实现数据资源化

通过建立地理信息公共服务平台，一是制定工程数据管理规范化标准，建立一套工程数据库管理存量的基础测绘地理空间数据和工程相关多种属性数据，充分挖掘数据价值，实现数据资源化；二是制定多专业数据统一化标准和构建多专业勘测设计流程，打通各生产专业的数据通道，实现工程勘测设计基础数据、业务过程数据的全管控，提高基础地理空间数据的使用效率，保障勘测设计成果质量，提升勘测设计生产效率，有效降低勘测设计生产成本；三是建立通用的工程 GIS 三维辅助设计系统，集成多种专业设计、空间分析工具，具有库容计算、设计成果自动规划红线对照和公路、输水管线、输电线路等多个专业的建筑物快速三维辅助设计与三维展示、工程量实时计算功能，可完成工程施工总布置设计工作，在工程规划阶段、勘测设计阶段多种布置方案比选中优势突出；四是与 BIM 数据进行深度融合，建立插件对 BIM 模型轻量化和标准化，能够导入多种格式的 BIM 模型，实现大范围、大场景下对基础地理空间数据、工程 GIS 三维辅助设计成果和 BIM 模型成果进行统一管理和展示，充分利用 GIS、BIM 系统的优点开展工程

勘测设计工作，提高勘测设计成果质量和生产效率。

二、基于 GIS 开发专业设计系统，实现全过程数字化

地理信息公共服务平台中工程 GIS 三维辅助设计系统是一个多专业通用的辅助设计系统，集成了多专业通用的设计与空间分析工具，部分专业可以开展工程简单通用的三维辅助设计工作，但不同专业在勘测设计要求、数据处理方法与处理流程、成果类型与成果格式均不同，不能同时满足各专业全部三维设计需要。因此以地理信息公共服务平台为基础，结合各专业勘测设计生产流程和作业习惯，按照各专业勘测设计生产要求定制开发 GIS 专业设计系统。

目前已经定制开发完成了数字光伏规划设计系统、数字风电规划设计系统、工程移民测调系统、智慧勘察信息化平台、水资源综合管控系统、河湖洪水"四预"系统等多个专业设计系统，实现了工程测绘、工程勘测、水文与水资源、工程移民、风电设计、光伏设计、生态环境与水土保持等专业数字化生产与成果管理，与采用 BIM 系统为主开展设计工作的水工建筑物、机电、道路与桥梁、工业与民用建筑等设计专业共同实现勘测设计咨询单位工程勘测设计生产全专业全过程数字化。

第二节　展　望

随着计算机、大数据、物联网、人工智能、通信、RS、GNSS、GIS、BIM 等技术的不断发展与相互融合，人类对美好生活的向往逐步提高，对城市环境宜居性便利性舒适性、对工程管理的精细化要求逐步提高，GIS 在智慧城市、智慧工程建设与管理中将大有作为。

一、提高 GIS 技术在工程勘测设计中应用水平

目前通过"地理信息公共服务平台 + N 个 GIS 专业设计系统"方式推广 GIS 技术在工程勘测设计中应用，但总体上应用程度不深、应用范围不全、智能化水平不高，将

通过以下几个方面提高 GIS 技术在工程勘测设计中应用水平。

1. 软件平台国产化、开源化

对地理信息公共服务平台及 GIS 专业设计系统使用的底层软件国产化、开源化，做到平台自主可控，拥有自主知识产权和核心竞争力。

2. 地理信息公共服务平台升级完善

（1）补充完善通用辅助设计和分析计算工具，升级优化三维辅助设计子系统，完善公用基础地理信息数据、国土空间规划成果等基础数据库，提升平台通用性、易用性；

（2）开发移动端通用数据采集系统和专业数据采集系统，补充完善地理信息公共服务平台数据采集功能。

3. 补齐 GIS 专业设计系统短板

（1）对已有 GIS 专业设计系统的功能进行完善，让已建 GIS 专业设计系统更加好用、易用，真正成为专业人员的工作伴侣；

（2）开发新的 GIS 专业设计系统，拓展 GIS 专业设计系统服务范围，逐步实现 GIS、BIM 两大系统对勘测设计产业链全专业、全过程覆盖。

二、基于 GIS + BIM 开展工程全生命周期管理

BIM 是一种应用于工程设计、建造、管理的数据化工具，主要针对微观单体精细化建筑的应用，通过建立虚拟的建筑工程三维模型，利用数字化技术对建筑的数据化、信息化模型整合，能够将建筑工程项目的各项相关信息数据集成在一个模型中，提供与实际情况一致的完整的建筑工程信息库（包含描述建筑物构件的几何信息、专业属性及状态信息和非构件对象的状态信息），并快速实现创建、拆分、整合等行为，可以支持多种维度下对模型和信息的查看、分享、提取、分析、利用，为项目各阶段及时提供准确的数据。工程 GIS 是一种特定的应用于工程建设和管理活动的空间信息系统，主要针对工程宏观区域的管理应用，能够集成管理工程规划决策、勘测设计、施工建造、运行维护等数据，实现工程可视化展示、区域地理空间信息查询与分析、工程辅助决策等功能，为用户工程建设和管理活动提供信息支持与服务。

建设工程全生命周期包括工程决策阶段、实施阶段和运行维护阶段（使用阶段）。工程全生命周期管理的实质是对工程全生命周期中各个阶段的工程信息及周边相关地理空间数据进行综合管理。决策阶段管理主要对工程与周边环境的协调性、工程建设必要性和经济性进行论证，对工程各单体建筑物模型和细节要求低，采用 GIS 技术比采用 BIM 技术开展工作效率更高、经济性更优；实施阶段对工程各单体建筑物模型和细节要求高，工程各单体建筑物应采用 BIM 技术进行设计，对于占地范围大、单体建筑物多的大型工程同时采用 GIS 技术对所有单体建筑物组装与管理、工程完整性及与周边环境协调性管理比采用独立 BIM 技术开展工作效率更高、效果更优；运行维护阶段管理主要对工程建筑物属性信息及与周边环境地理空间信息进行管理，对于建筑物来说主要使用带完整属性空间化的精简 BIM 模型（与精细化建筑物模型相比，数据量小，占用资源小、管理查询高效），通过插件连接可查询使用精细化建筑物模型，故在运行维护阶段广泛使用 GIS 技术管理可辅助决策，使管理更为高效、成本更低。

对于工程全生命周期管理来说，GIS 与 BIM 具有天然的互补关系，两种技术跨界合作与深度融合是双赢。BIM 是用来整合和管理建筑物全生命周期的信息，BIM 应用往往需要结合地形地貌来交换、整合信息；GIS 致力于宏观地理环境的研究，提供各种空间查询及空间分析功能，用于整合及管理建筑物及建筑外部环境信息，可提供项目决策支持。对于 GIS 来说，BIM 数据是 GIS 一个重要的数据来源，对接了 BIM 后 GIS 实现了从室外走进室内，从宏观走进微观，助推新一代三维 GIS 技术体系日渐成熟，基于 GIS 的工程全生命周期管理需要 BIM 支持；对于 BIM 来说，结合了 GIS 后既可以用于规划审批、建设期监管，又可用于建成后的建筑运维管理，将原来只能在建设期间使用几年的 BIM 延续使用几十年，大大延长了 BIM 的生命周期，可以涵盖建筑的全生命周期应用，基于 BIM 的工程全生命周期管理离不开 GIS 支持。

三、推广数字技术应用拓展数字孪生市场

数字孪生（Digital Twin），也被称为数字双胞胎和数字化映射，是充分利用物理模型、传感器更新、运行历史等数据，集成多学科、多物理量、多尺度、多概率的仿真过程，在虚拟空间中完成映射，从而反映相对应的实体装备的全生命周期过程。数字孪生包括物理空间的实体产品（实体对象）、虚拟空间的虚拟产品（数字孪生体）、物理空间和

虚拟空间之间的数据和信息交互接口等三个组成部分。通过在实体对象和数字孪生体之间建立全面的实时或准实时联系，实现实体对象和数字孪生体之间数据和信息双向流动，数字孪生体能够反映相对应的实体对象的全生命周期过程。数字孪生实现了现实物理空间的实体对象向虚拟空间的数字孪生体（数字化模型）的动态仿真。数字孪生技术已在产品设计、医学分析、工业制造、工程建设、智慧城市建设等众多领域得到应用，其中，国内应用最深入的是工程建设、城市建设领域，关注度最高、研究最热的是智能制造领域。

GIS 技术利用数学模型将现实世界数字化、可视化，实现了现实世界的"数字孪生"，具有空间属性的信息资源及其变化过程得到有效管理和动态监视分析、可视化展示。近期基于计算机、物联网、数字通信、GIS、BIM 等技术开展了工程数字孪生、河湖数字孪生等方面的研究，完成了河湖水文映射平台的开发，拓展 GIS 技术智慧工程管理应用。

在城市建设领域，GIS 技术推动了国家智慧城市建设。随着倾斜摄影实景建模、点云建模、3D GIS 等技术迅速发展，城市的空间表达由二维向三维化升级，城市信息化的概念由"数字城市"向"智慧城市"升级。党中央、国务院十分重视智慧城市建设工作，将建设智慧城市列入国民经济和社会发展规划或相关专项规划，住建部从 2012 年度启动国家智慧城市试点工作。通过三维实体组成实景三维，实景三维构建城市信息化模型（CIM），城市信息化模型构建孪生数字城市，而智慧城市则是在城市信息化模型或孪生数字城市基础上增加智能应用，使得城市运营更加智慧。城市信息模型（CIM），是以建筑信息模型（BIM）、数字孪生（Digital Twin）、地理信息系统（GIS）、物联网（IoT）等技术为基础，整合城市地上地下、室内室外、历史现状未来多维信息模型数据和城市感知数据，构建起三维数字空间的城市信息有机综合体。

参 考 文 献

［1］熊春宝，尹建忠，贺奋勤．地理信息系统原理及工程应用．天津：天津大学出版社，2015.

［2］Kang-tsung Chang．地理信息系统导论（原著第九版）．北京：科学出版社，2019.

［3］贺金鑫，赵庆英，路来君，等．地理信息系统基础与地质应用．武汉：武汉大学出版社，2015.

［4］卞小草，雷畅，丁高俊，等．基于 GIS+BIM 的水电项目群建设管理系统研发［J］．人民长江，
　　2018，49（07）：72-76.

［5］贺娟．基于 HEC-RAS 及 GIS 的洪水灾害损失评估［D］．北京：中国水利水电科学研究院，2016.

［6］万帆，吴汉涛，牛乐，等．基于 GIS 的水电规划陆生生态环境评价范围划分［J］．水力发电，
　　2014，40（02）：30-32+91.

［7］孙嘉骏．基于 GIS 的水电移民工程调查系统开发与应用［D］．西安科技大学，2013.

［8］徐明霞．智慧城市建设背景下土地利用规划设计的 GIS 技术应用［J］．中国锰业，2019，37（04）：
　　112-115.

［9］刘超群．基于 RS 和 GIS 的风电场宏观选址研究［D］．昆明理工大学，2018.

［10］张社荣，徐彤，张宗亮，姜佩奇，严磊．基于 BIM+GIS 的水电工程施工期协同管理系统研究［J］．
　　水电能源科学，2019，37（08）：132-135+83.

［11］刘金岩，刘云锋，李浩，等．基于 BIM 和 GIS 的数据集成在水利工程中的应用框架［J］．工程
　　管理学报，2016，30（04）：95-99.

［12］张臻，高正，张鹏，等．智慧水利关键技术及系统设计［J］．浙江水利科技，2019，47（04）：
　　66-70.

［13］贾梦轩，李士杰．基于标准融合探讨 BIM 和 GIS 在智慧城市中的融合应用［J］．工程建设与设计，
　　2019（15）：203-205.

［14］杨一帆，邹军，石明明，等．数字孪生技术的研究现状分析［J］．应用技术学报，2022，22（02）：
　　176-184+188.

［15］陈伟莲，李升发，张虹鸥，等．面向国土空间规划的"双评价"体系构建及广东省实践［J］．规
　　划师，2020，36（05）：21-29.

［16］任海波，余波，王奎，等．"双碳"背景下抽水蓄能电站的发展与展望［J］．内蒙古电力技术，2022，40（03）：25-30．DOI：10．19929．

［17］尹明军．GIS技术在岩土工程勘察中的发展与应用实践［J］．中国建筑金属结构，2021（05）：86-87．

［18］赵晓晓．GIS在地质勘探方面的应用［J］．低碳世界，2018（01）：23-24．

［19］兰琴．GIS在水利水电地质工程勘测中的运用分析［J］．科技资讯，2010（03）：119．

［20］赵蓓蓓，赵进．GIS在水利水电工程建设中的应用与展望［J］．科技风，2018（21）：173．

［21］刘向武．GIS支持下岩土工程勘察设计一体化分析［J］．世界有色金属，2021（02）：211-212．

［22］陈诗艾．工程勘察管理信息化关键技术研究［J］．广东土木与建筑，2020，27（04）：42-45+56．

［23］裴丽娜，侯清波，齐菊梅，等．基于Android的工程勘察数字采集系统关键技术［J］．人民黄河，2017，39（01）：113-115+120．

［24］甘运良，王红杰，彭玉培，等．基于BIM与三维GIS技术的换流站三通一平施工信息模型构建及应用研究［J］．工程勘察，2019，47（08）：56-61+66．

［25］包世泰，夏斌，蒋鹏，等．基于GIS的地质勘察信息系统设计与实现［J］．地理与地理信息科学，2004（04）：31-35．

［26］钟登华，宋洋．基于GIS的水利水电工程三维可视化图形仿真方法与应用［J］．工程图学学报，2004（01）：52-58．

［27］侯刘锁，贾海鹏，李根强．勘察BIM技术的发展与应用［J］．中国新技术新产品，2021（13）：102-105．

［28］钟添荣．论在岩土工程勘察中如何运用GIS技术［J］．科技资讯，2021，19（29）：63-65．

［29］李鑫．浅谈GIS在水利水电工程建设中的应用［J］．陕西水利，2019（01）：111-112．

［30］赵文超，王国岗，陈亚鹏．水利水电工程三维地质勘察系统研发综述［J］．中国水利，2021（20）：46-49．

［31］李洪，袁磊，明升．岩土工程勘察技术发展趋势分析［J］．环球人文地理，2014（12）：57．

［32］张腾飞，高多多，魏广．GIS技术在水文水资源中的应用［J］．环境与发展，2020，32（08）：240+242．

［33］郭丽丽．岩土工程勘察中物探技术及数字化的发展趋势分析［J］．居舍，2021（12）：34-35．

［34］贺康宁，王治国，赵永军．开发建设项目水土保持［M］．北京：中国林业出版社，2009．

［35］薛建慧，李明．新时期水土保持监测工作研究［J］．区域治理，2020（33）：2.

［36］杨恺．无人机遥感技术在开发建设项目水土保持监测中的应用［J］．陕西水利，2013（04）：145-146.

［37］魏宏源．地理信息技术在河西水土保持监测中的应用研究［D］．兰州理工大学，2020.

［38］韦波，罗建干，麦格，等．ArcGIS 空间分析技术在公路弃土场选址中的应用［J］．西部交通科技，2019（07）：10-13.

［39］车德福．GIS 中数字高程模型的建立与应用研究［D］．广西大学，2004.

［40］陈恩．利用 ArcGIS 进行既有弃渣量核实计算的原理与实践［J］．水利科技，2017（02）：22-24.

［41］陈峰，李红波．基于 GIS 和 RUSLE 的滇南山区土壤侵蚀时空演变——以云南省元阳县为例［J］．应用生态学报，2021，32（2）：9.

［42］高青峰，郭胜，宋思铭，等．基于 RUSLE 模型的区域土壤侵蚀定量估算及空间特征研究［J］．水利水电技术，2018，49（06）：214-223.

［43］邱娅柳，耿韧，洪静雨，等．基于 GIS 和 CSLE 的高淳慢城土壤侵蚀评估［J］．江苏水利，2018（09）：19-25.

［44］李亚平．基于 RS/GIS 的区域土壤侵蚀评价方法及应用［D］．河南理工大学，2019.

［45］李天宏，郑丽娜．基于 RUSLE 模型的延河流域 2001—2010 年土壤侵蚀动态变化［J］．自然资源学报，2012，27（7）：1164-1175.

［46］李杰，周全，徐昕．小流域综合治理实施方案编制探讨［J］．人民长江，2017，48（12）：15-17+54.

［47］李杰，周全，李丹．GIS 技术在丹江口库区水土保持规划中的应用［J］．人民长江，2010，41（11）：89-92.

［48］褚英敏，方海燕，袁再健．GIS 空间分析技术在土壤侵蚀评价中的应用［J］．水土保持研究，2007(03)：239-242.

［49］柳林夏．基于 ArcGIS 的小流域综合治理规划［D］．长安大学，2016.39-41.